小惑星探査機「はやぶさ２」の大挑戦

太陽系と生命の起源を探る壮大なミッション

山根一眞　著

ブルーバックス

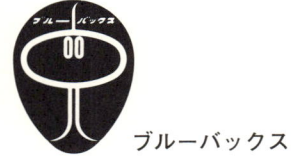

●装幀／芦澤泰偉・児崎雅淑
●カバーイラスト／池下章裕
●図版／さくら工芸社
●本文デザイン／土方芳枝

まえがき

小惑星探査機「はやぶさ」が、およそ7年、60億キロの大宇宙航海を終えて地球に帰還したのは2010年6月13日のことでした。その日の夜、私はオーストラリアのウーメラ砂漠のただ中で「はやぶさ」の劇的な地球帰還と最期を見届け、震える思いを味わいました。一部の人たちに限られていた「はやぶさ」への理解や関心は、この劇的な帰還によって一転、日本中が「はやぶさ」に熱くなる日々が始まりました。「はやぶさ」が持ち帰り地球に送り届けたカプセルは、同年7月から2012年4月まで全国69もの会場で一般公開され、のべ89万人が来場するなど「はやぶさ」熱は長く続き、日本人の宇宙への関心を深める大きな貢献を果たしました。

私は、「はやぶさ」が帰還した翌月、その7年間の奮闘を描くノンフィクション作品『小惑星探査機はやぶさの大冒険』（マガジンハウス）を出版しました。この本は、読者の皆さんから大きなご支持をいただき、東映映画「はやぶさ 遥かなる帰還」の原作にもなりました。

「はやぶさ」は、数多くの故障やトラブルの連続でぼろぼろになりながらも、カプセルを地球に送り届けましたが、その姿は人生になぞらえて擬人化され、人々に大きな勇気や共感をもたらしました。それが映画化の理由でもありました。その一方で、本来の使命である小惑星の科学的な解明や、サンプル分析の経緯については、一般にはほとんど知られないまま今日に至っています。前著『小惑星探査機はやぶさの大冒険』も、「2010年7月、カプセル内に100分の1ミリ前後の微粒子を100個以上確認した。分析には数ヵ月かかる見込み」で、終わっています。その微粒子が小惑星「イトカワ」由来のものかどうか、もしそうだった場合どのような発見があるのか、それが明らかになったのは出版後のことだったからです。

「はやぶさ」帰還から5ヵ月後の2010年11月16日、期待していた発表がありました。「はやぶさ」が持ち帰ったカプセル内の微粒子は小惑星「イトカワ」由来であると確認できたという発表です。「はやぶさ」のミッションはサンプルリターン（小惑星の物質を持ち帰ること）が最大の目的ゆえ、それを成し遂げることができたというすばらしいニュースでした。この日はカプセルの帰還に続く「はやぶさ」の第2のゴールとなったのです。

地球を出発し、小惑星に着地、サンプルを得て地球に持ち帰ったのは人類初の快挙で、これは日本が小惑星往復とタッチダウンという独自技術を手にしたことを意味しています。「はやぶさ」のチームは、この独自技術を絶やさぬためにも、後継機「はやぶさ2」の計画を進めてきたのです。

そこで本書では、2010年6月13日から始まった「はやぶさ」帰還後の微粒子の取り出しと分析という科学的な取り組みを紹介したうえで、後継機「はやぶさ2」のプロジェクトを、おもな担当者や企業の証言をもとにわかりやすく描きました。

「はやぶさ」が到達した小惑星「イトカワ」は、観測によって番号がつけられたものだけでも60万を超す小惑星の中では一般的な「S型」です（構成している鉱物がケイ酸塩鉱物からなる小惑星）。しかし「はやぶさ」は、もともとは「C型」の小惑星を目指す計画でした。C型は有機化合物のほか、水も含んでいる可能性がある小惑星です。そこから持ち帰るサンプルには、太陽系の成り立ちのほか、生命の起源を解く鍵がひそんでいると言われています。しかし「はやぶさ」は、打ち上げロケットの不具合などからスケジュールが遅れたため、到達可能な小惑星をS型の「イトカワ」にせざるをえなかったという事情がありました。

そこで、後継機「はやぶさ2」は、「はやぶさ」の本来の目的天体であるC型を目指し、新たな大宇宙航海という大挑戦を開始しました。

しかし、「はやぶさ2」のような小型の探査機が到達できるC型の小惑星は限られています。やっと見出したターゲットの小惑星は「1999 JU3」（仮称）。2014年冬を中心とした打ち上げを逃すと次のチャンスは数年はないため、チームは限られた時間内で「はやぶさ2」を作り上げねばなりませんでした。

「はやぶさ」「はやぶさ2」を通じて私がインタビューを続けてきたエンジニアや科学者、メーカーの皆さんの言葉を通じて彼らの努力、そして挑戦がどのようなものなのかを理解していただけるでしょう。

ブルーバックスは科学者が自らの専門分野について書いたものが多いのですが、本書は『小惑星探査機はやぶさの大冒険』同様、宇宙や科学には詳しくない一般の読者の皆さんにも理解できるよう描くことを心した物語、ノンフィクション作品です。本書を通じて「はやぶさ」同様、「はやぶさ2」への思いを抱いていただければと願っています。

なお、本書では「はやぶさ2」の研究開発の「場」を「JAXA宇宙科学研究所（相模原キャンパス）」と記述していますが、「組織上」は「JAXA 月・惑星探査プログラムグループ（JSPEC）」の所管です。一方、「あかつき」「イカロス」は従来のJAXA宇宙科学研究所の所管と何ともややこしいため、「場」の名称で通したことをお断りしておきます。

本書の刊行とあわせて、事実関係などの正確を期して加筆訂正した『小惑星探査機はやぶさの大冒険』（講談社＋α文庫）を出版しました。本書はそのシームレスな続編ゆえ、2冊を通してお読みいただければ幸甚です。

山根一眞

小惑星探査機「はやぶさ2」の大挑戦●目次

第1章

脱走した「カプセル」

新しいスニーカー

オーストラリア南オーストラリア州のウーメラ砂漠。

ここにオーストラリア国防省が管轄する試験場、ＷＰＡ（Woomera Prohibited Area・ウーメラ立入禁止区域）がある。ＮＡＳＡや日本も宇宙航空機の実験を行ってきた場所だ。起伏はほとんどなくどこまで行っても地平線が続く広大な土地。その広さは22・8万平方キロメートル、日本国土面積の約6割に相当する。

２０１０年6月13日の夕方、その指令管制センター（ＲＣＣ＝Range Control Center）でオーストラリアのスタッフにまじり管制卓の前に陣取っていたのは、ＪＡＸＡ（宇宙航空研究開発機構）の一部門、宇宙科学研究所（相模原市）の國中均さんだった。「はやぶさ」のイオンエンジンの開発者で、7年間にわたり「はやぶさ」の運用も担ってきた一人だ。プロジェクトマネージャーの川口淳一郎さんから、「はやぶさ」の「カプセル」回収のために「ウーメラへ行ってほしい」という命を受けて現地入りし準備をしてきたが、いよいよ運命の日を迎えたのである。

ＲＣＣには臨時のＪＡＸＡの部屋も開設され、およそ50人からなる回収チームは数時間後に迫ったその時を待っていた。カプセルの着地予定エリアを囲むように、指向性がある大型の八木アンテナを設置した受信担当チーム（ステーション）も4ヵ所で待機していた。パラシュートで降下してくるカプセルは、自分の位置を知らせる電波信号（ビーコン）を発することになっている。少なくとも2ヵ所のステーションがビーコン電波の発信源の方角を得ることができれば、地図上に引いた2本の線の交点にカプセルがあると特定できる。

午後8時21分（現地時間、日本より30分早い、以下同）、朗報が入る。

「はやぶさ」が地球から7万キロメートルの位置（地球の直径のおよそ5・5倍離れた場所）で無事カプセルを分離したことが確認できた。トラブル続きでやっと地球の近くまで戻ってきた「はやぶさ」だが、カプセルを「はやぶさ」本体から分離させるためには、かごのような形をしたバネで勢いよく押し出す必要があるが、長いこと縮めたままだったバネは高分子材料製ゆえ劣化していないかが心配だった。火工品（火薬部品）の点火と同時に、本体とカプセルを結ぶケーブルの切断も必要だ。またカプセルは姿勢を安定させるため押し出すときに回転させるのだが、それがうまくいくかどうかもハラハラだった。だが、一連の動作はすべてうまくいき、カプセルは、同じ軌道を進む「はやぶさ」を先導するかのように、ウーメラを目指している。

この分離確認を受け、午後8時41分、RCCの発着場からヘリコプター、シコルスキーS‐76が離陸し、RCCからおよそ250キロメートル離れたカプセルの着地予定地へと向かった。

7年におよんだ「はやぶさ」の大宇宙航海のクライマックスが、あと2時間半後に迫った。

＊

あの日から4年半が過ぎた2014年冬、國中さんは「はやぶさ」後継機のプロジェクトマネージャーとして、新たな小惑星を目指し「はやぶさ2」を宇宙へと送り出す。その國中さんに「はやぶさ」、そして「はやぶさ2」について聞いた。

國中均さん（くになか・ひとし）

1960年愛知県生まれ。京都大学工学部航空工学科卒。東京大学大学院工学系研究科博士課程修了後、宇宙科学研究所に入り「電気推進（イオンエンジン）」の研究や「SFU（宇宙実験・観測フリーフライヤー）」の運用などにたずさわる。小惑星探査機「はやぶさ」のイオンエンジンの開発を担当。2011年、月・惑星探査プログラムグループ・ディレクター、2012年に「はやぶさ2」プロジェクトマネージャーに就任。工学博士、教授。

山根　あの日、「はやぶさ」は帰って来ると考えていましたか？

國中　軌道計画やイオンエンジンの状態からも、帰って来るとは思っていました。しかし、パラシュートで降りてくるカプセルからは、位置を教えるための電波信号「ビーコン」は出ないだろうと思っていました。ビーコンが出ないと探すのは大変だという心配が大きかった。

山根　ビーコンが出なかった場合は、人海戦術で探すと聞いていました。

國中　チームを動員し砂漠を歩いて探さなければならなかったが、ウーメラは砂漠とはいえ灌木や岩がごつごつした場所なども多いでしょう、一人のけが人も出さずに帰せるかが心配でしたね。私自身も砂漠を歩いて探す覚悟で、日本でスニーカーを買いウーメラへ持っていったんです。最近、それが出てきたので、今日は履いてきました（笑い）。

山根　ビーコンが出ないだろうと考えていた理由は？

國中　充電できない一次電池なので、７年間も使わないままでしたから劣化しているに違いない、と。カプセルの開発担当である山田哲哉（宇宙科学研究所准教授）にも、「ビーコン、絶対に出ないよね」と話していました。

長い長い30秒

「はやぶさ」と「カプセル」が大気圏再突入でウーメラの上空に姿を現すのは午後11時21分の予定だ（「再突入」とは地球の大気圏をぬけて宇宙へ出たモノが再び大気圏に突入し戻ってくることを意味する用語）。

７年前に大隅半島の一角にある鹿児島宇宙空間観測所（当時。現在の内之浦宇宙空間観測所）

で「はやぶさ」の打ち上げを見守った私は、その地球帰還も見届けたいと、弟子のカメラマン（山口大志）を連れてオーストラリアへ飛び、この日、午後8時前からウーメラ砂漠の一角で待ち構えていた。その場所は、カプセルの着地想定エリアである東西方向に細長い楕円部分のほぼ真ん中に接する南側だ。投宿先のウーメラ村（RCCとは車で30分の距離）からおよそ250キロメートル、砂漠を貫くスチュワート・ハイウェイを走った道路際、地名はない。ここで、朝日新聞記者の東山正宜さん、読売新聞記者の本間雅江さんとタイの支局から来たカメラマン、毎日新聞記者の永山悦子さん、共同通信記者の斎藤香織さんとともにその瞬間を待っていた。

午後10時半頃、宇宙科学研究所相模原キャンパスの管制室では、「はやぶさ」の最後の仕事として「地球の写真をとらせてやろう」と、コマンドを送信。「はやぶさ」はそれに応えて数枚の写真を送ってきたが、その一枚に「はやぶさ」が見たふるさと地球の姿がとらえられていた。画像の下が欠けていたのは、このデータを受信していた内之浦から「はやぶさ」が見えない位置（通信不能）へと移動したからだが、この写真は後に多くの人たちを感動させることになる。その後もかろうじて地球に電波を送り続けていた「はやぶさ」は、午後10時56分に通信が途絶。7年間におよんだ「はやぶさ」との対話が終わった。

肌寒いウーメラ砂漠のただ中で、その時が近づくにつれて少し雲があった夜空はどんどん晴れあがり、信じられないほどの満天の星空となった。天の川が天頂に向かってうねるように続く見事な姿には唖然とした。東山さんは記者ではあるが、天体写真の撮影に習熟した人で、赤道儀を据えて撮影準備をしているのには驚いた。

カプセルと「はやぶさ」が大気圏再突入するのは高度200キロメートルと聞いていたが、果たして無事に戻ってくるだろうか……。

午後11時21分過ぎ、東の空から向かってくる小さな光る点が見えた。「はやぶさ」だ！

計算による予定時刻ぴったりに姿を現した「はやぶさ」は、輝きを増しながら飛来し、私たちの真上で爆発しながら周囲を昼のように照らしバラバラとなって進み、消えていった。後にそれは、通常の航空機の巡航高度の7倍、およそ70キロメートル上空でのできごとだったと知ったが、それほどの高度とは思えないほど近くに感じるおよそ40秒間だった。

別の場所で、この大気圏再突入の光学的観測を行っていた、ＪＡＸＡとは独立したチームがあった。国立天文台のはやぶさ観測隊だ（現・副台長の渡部潤一さんら10名による地上観測チーム）。渡部潤一さんによれば、「はやぶさ」の最大発光時（午後11時22分20秒頃）の明るさ（100キロメートルの距離から見た明るさ）はマイナス13・7等級で、この年の中秋の名月の明るさの約3倍に達していたという（北極星の100万倍の明るさ）。

その「はやぶさ」のまばゆいばかりの光を全身に浴びた私はその神々しさに呆然としていたが、ライブ録音した音声記録を聞き直したところ、その光が消え去るとともに我に返った私は、

Fig1.1　「はやぶさ」大気圏再突入の様子。右下の人影は著者。
〈写真・山根チーム・山口大志〉

こう叫んでいた。
「カプセルは？　カプセルは‼」
デジタルカメラで撮影した写真には、「はやぶさ」の光跡の先に細く赤い光跡が写っていた。「はやぶさ」の少し先を赤熱して進むカプセルだった。渡部さんらの地上観測チームによれば、このカプセルの明るさはマイナス5等級、金星の最大の明るさ（マイナス4・7等級）をわずかだが上回っていたという。

山根　ビーコンを待つ間がものすごく長く感じられたとおっしゃっていましたが。

國中　各ステーション（受信局）とは衛星電話をつなぎっぱなしだったんですが、「カプセルの光跡が見えた」という連絡が入ってからビーコンが出るまで、確か30秒ほどかかったんです。この30秒間がものすごく長く感じられました。「やっぱり出ないよな、出るわけないよな、絶対出ない」と、反復していましたが、「ビーコンを受信した！」という連絡が入り、これで「カプセル」は探せると確信しました。電池は生きていて、見事にビーコンを出してくれたんです。

ビーコンを「受信した」という報告は、午後11時26分、4ステーションから一斉に届いたのだ。

國中　結論から言うと、「はやぶさ」ではカプセルが一番よくできていたんじゃないかなと思っています。これまで世界の宇宙機関でもほとんど経験したことがない高速、秒速12キロメートル（時速4万3000キロメートル）で大気圏へ再突入。大気との摩擦で生じる熱はおよそ1万℃、カプセルの表面は3000℃にもなったはずで、その超高温に耐える技術が実証されましたから。

山根　RCCで、國中さんのノートパソコンの画面の上端に、「火球」「入感」「ロックオン」とマジックペンで記した色違いの3つのクリップが挟んであるのを見ました。カプセルの大気圏再突入の確認、ビーコンの受信、カプセルの位置の特定へと進むごとに、これらを動かすのだとおっしゃっていましたね。

國中　それが、ビーコンの受信後は慌ててしまって、クリップを動かしている余裕などなかったんですよ。RCCと各ステーションは、イリジウムとスラーヤの衛星電話をつなげっ放しにして、それをRCCのホットラインにも接続していました。各ステーションからは指向性のある八木アンテナで受信したビーコンの発信源の方角のデータが送られてきたので、それらをもとに発信源を特定する作業でてんやわんやでしたから。

余談ですが、スラーヤとイリジウムの衛星電話をつなぎっ放しだったので、帰国してから届い

Fig 1.2　獨協大学「天文・宇宙Week」に集った「はやぶさチーム」(2011年5月22日)

〈写真・獨協大学〉

た請求書の額がものすごくて大変でした（笑い）。

地面に激突した耐熱鎧

「はやぶさ」の帰還から11ヵ月後の2011年5月、私が教鞭をとる獨協大学では「天文・宇宙Week」を開催した（国際教養学部主催）。天文学の福井尚生教授（当時）のもと、日本を代表する天文学者、宇宙工学者が集い5日間にわたり最新の宇宙論を披露。先の大気圏再突入の光学的な観測の成果は、国立天文台の渡部潤一さんがその講演で語ってくれたものだ。また「はやぶさ」の「カプセル特別展示」も実現。それに合わせて國中さんをはじめ多数の「はやぶさ」チームが来学し、「はやぶさ」のエピソードを明かしてくれた。以下は、5月22日に開催された「カプセル回収チームが勢揃い！　大気圏再突入の6月13日を熱く語る」での証言を再構成したものだ。
ウーメラ砂漠へと着地したカプセルを開発した山田哲哉さんは、カプセルの構造や着地までの経緯を説明してくれた。

山田哲哉さん（やまだ・てつや）

東京都出身、東京大学工学部航空学専攻博士課程修了後、1993年に宇宙科学研究所へ入所。地球再突入、惑星突入の飛行力学、空力加熱からの熱防御システムおよび熱防御材料、高エンタルピー気体力学とその診断などに取り組んできた。「EXPRESS」「USERS」「DASH」、そして「はやぶさ」の「カプセル」などの研究開発に携わってきた。博士（工学）、准教授。

山根　カプセルは回収後に全国で展示されましたが、大きくわけて3つの部分のそれぞれがどんな役割をもち、どのように着地したのかわかりにくいんですが？

山田　カプセルは直径が約40センチメートル、高さが約20センチメートル、重さが16・5キログラムで中華鍋のような形をしています。中心部にあるのが「サンプルコンテナ」です。「イトカワ」のカケラをとらえた小さな装置「サンプルキャッチャー」がここに格納されています。内部に見える弁当箱のようなモノはカプセルの頭脳にあたる「搭載電子システム」です。この周囲に、ドーナツ状に畳んだパラシュートが収納してありました。

このカプセル本体の上下をサンドイッチのように挟んでいる鍋のような形をしているものが、「ヒートシールド」です。前面と背面に2つ。再突入時の熱からカプセルを守る耐熱カバー、鎧の役目を持っています。

山根　金色の部分が少し残った焼け焦げを見て、カプセルは高熱に耐えてよくぞ帰ってきたと感動した人が多かったが、あれはカプセルの本体ではなく、耐熱カバーだったんですね。

山田　そうです、背面ヒートシールドです。太陽光の反射率を一定にするために「背面ヒートシールド」だけでなく「前面ヒートシールド」にも2・5ミリメートル幅の金色をしたある樹脂フィルムを貼っておいたんです。しかし前面ヒートシールドでは、高熱ですべて溶けて真っ黒になっていました。これが剝がれないようにと研究していたのが、IHIエアロスペースのカプセル組み立て担当の益田克之さんでした。背面ヒートシールドに残っていたあの金色の縞々は、剝がれないようにローラーでギュッと押し付けてくれた証です。いい仕事の結果だなと思いましたよ。私にとっては、ヒートシールドはとても重要な部分ですから。

山根　弁当箱のような搭載電子システムの真ん中部分に、小さく富士山型に出ている部分があり

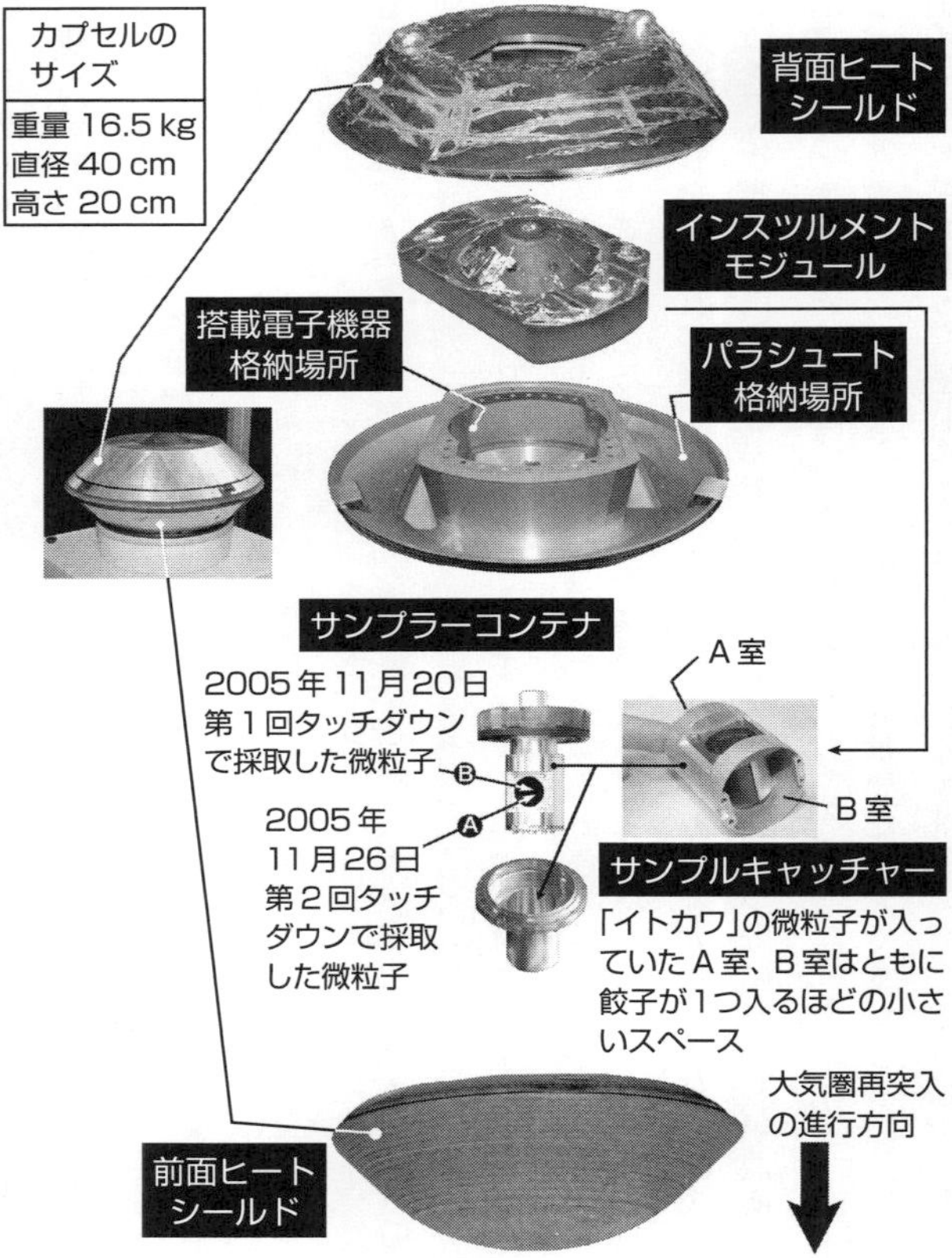

時速4万3000 km で大気圏再突入するため衝突する空気の温度は1万℃にもなるが、この部分は 3000℃になるよう世界に例のない耐高熱技術を開発した。

Fig1.3　カプセルの構造

〈写真と作図・山根一眞〉

ますが？

山田　２００７年1月17日、それまで「はやぶさ」本体にあったサンプルキャッチャーのふたを閉めるオペレーションをしたあと、その部分をカプセルにガチャンとはめ込んだのですが、その押し入れた最後部の部分です。

山根　カプセル側の穴にしっかりと押し入れたとはいえ、隙間はなかったんですか。もし、ごくごくわずかな隙間でもあれば、大気圏再突入の時に熱が入り込む心配がありますが？

山田　押し込んだサンプルキャッチャーの隙間には、高温の空気が入り込まないよう、綿状の断熱材を入れてあります。この機能は打ち上げ前の試験で問題ないことを確認していました。

山根　その「綿状のモノ」の名称は？

山田　とくに名前はつけていません。

山根　これまで世界の宇宙機関が経験したことがないほどの高速、高熱を受けながら大気圏再突入したこのカプセル。降下中を描いた想像図がありますが、右上に見えるのが分離した背面ヒートシールドですね？

山田　そうです。これはおよそ高度５０００メートルで、カプセルが背面ヒートシールドと前面ヒートシールドを脱ぎ捨てた直後の想像図です。火工品（火薬）で一気に、背面と前面のヒートシールドの分離とパラシュートの開傘をしています。

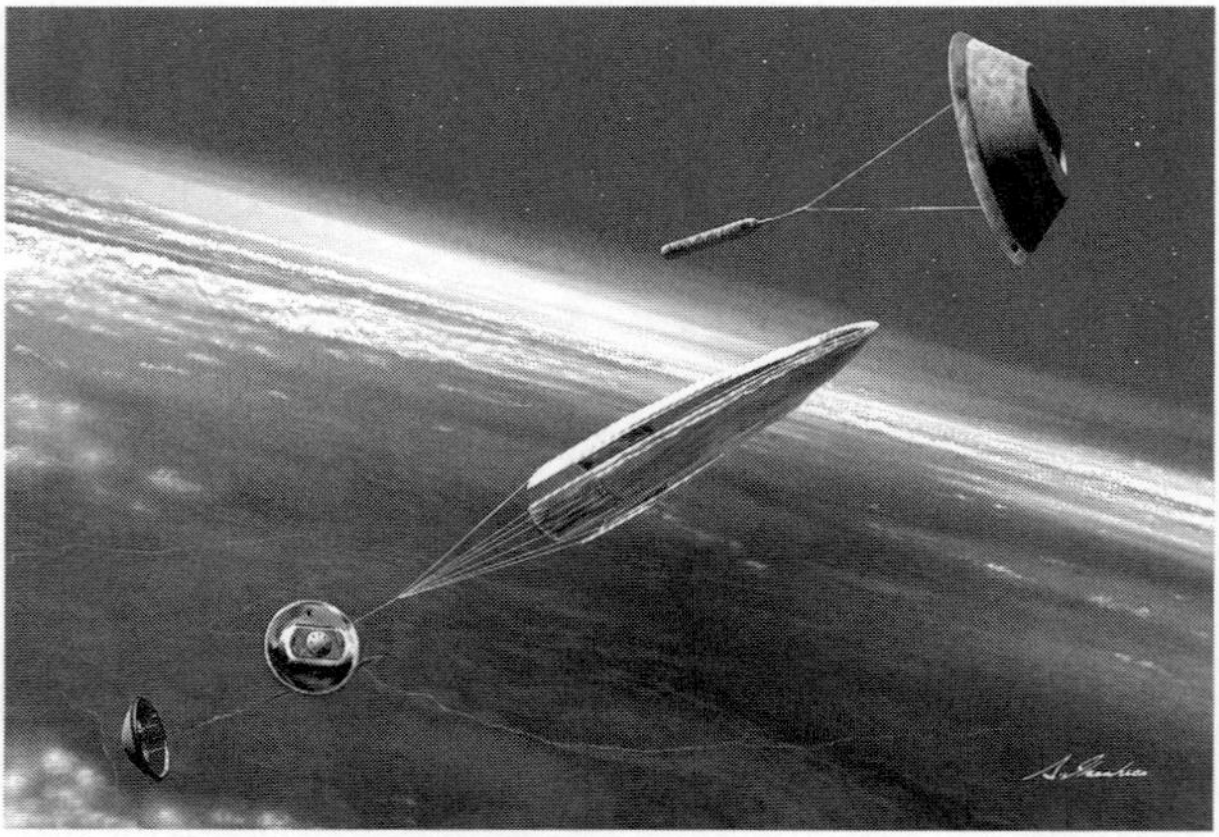

Fig1.4　カプセル開傘時の想像図
〈イラスト・池下章裕〉

山根　カプセルの本体にはまさに開こうとしているパラシュートが描いてありますが、右上の背面ヒートシールドから左方向にぶら下がっている筒状のものもパラシュート？

山田　違います。これは本体のパラシュートを格納していたオレンジ色の袋、パラシュートサックです。背面ヒートシールドは分離すると同時にパラシュートを引き出す役割もあるんですよ。

山根　その背面ヒートシールド、この高度からパラシュートもなしにまっしぐらに地面へと落下したんですか？

山田　そうです。袋の色をオレンジ色にしたのは、地上で発見しやすくするためです。

山根　それは、芸が細かい。それにしても高度5000メートルからまっしぐらでは、着地時はものすごい衝撃を受けたんでしょう？

Fig1.5　発見されたカプセル（上）とカプセルの安全化処理作業の様子（下）
〈写真・JAXA〉

山田　落下時の秒速はおよそ30~40メートル（時速125キロメートル前後）。地上に落下した瞬間の衝撃がどれくらいだったかは不明ですが、1万~2万G以上だったでしょう。
山根　バラバラに壊れなかったのが不思議だ。前面ヒートシールドのほうは?
山田　こちらも同様に、パラシュートなしに地面へまっしぐらです。ヒートシールドの設計では、落下時の衝撃で壊れないようにという保証はしていなかったんですが、壊れることはないだろうとは思っていました。どちらも岩の上に落ちず目立った損傷もなかったのは幸いでしたね。

シューズを買えと指令

山田　もっともパラシュートを放出するための火工品が燃え残っているなどの危険を想定して、いかなる場合でも安全を確保するため、ＩＨＩエアロスペースの森田真弥さんとともに防爆服で身を固めて処理を行い回収をしたんです。それにしても、あの回収時は感無量、興奮状態でしたね（２０１４年夏現在、この防爆服は宇宙科学研究所のロビーに展示）。
山根　２つのヒートシールド、どちらも分離させずカプセル本体とともにパラシュートで静かに着地させなかったのはどうして?
山田　大気圏再突入でヒートシールドは高熱状態となり、空力加熱により終了後もカプセル本体にじわじわとその熱が伝わり続けるんです。どのようなサンプル（小惑星の岩石）を持ち帰るかにもよりますが、カプセル内部は50〜80℃に保たねばならないため、その温度を維持するために分離させたんです。スパゲッティなどのパスタは、茹であげた後も余熱で芯まで熱が加わり続けるので、まだ歯ごたえがある段階（アルデンテ）で加熱を止める必要がありますよね、あれと同じ理由です。

山根　前面ヒートシールドからはヒモのようなものが見えていますが？

山田　青いケーブルのように見えるのは「ストリーマリボン」、吹き流しです。前面ヒートシールドもビーコンを出す機構はないので、ヘリコプターから見つけやすくするために吹き流しをぶら下げているんです。

青い色の吹き流し付きの前面ヒートシールドと、オレンジ色の袋付きの背面ヒートシールドは、その視認性の効果もあってヘリコプターから発見でき、2日後の15日に回収できました。

山根　もしカプセルが燃え尽きていたらえらいことだった……。

山田　その心配が皆無というわけではなかった。「はやぶさ」の帰還直前、マスコミに「カプセルは3000℃以上の高熱にさらされるが、JAXAにはそれだけの熱に耐える技術はあるのか？」といったことを書かれて、心がズキっと（笑い）。

山根　ビーコンさえ出れば探せるという自信はあった？

山田　1年前に同じ場所で練習をしています。水野先生（宇宙科学研究所准教授・水野貴秀さん）にヘリコプターに乗ってもらい、下で僕と川原さん（宇宙科学研究所文部科学技官・川原康介さん）がカプセルを隠す。ふつうに置く、横倒しに置く、砂に埋もれた状態にするなどしてビーコンが受信できるかどうか試験した結果、水野先生が見つけてくれることが確認できました。

山根　ビーコンが出なければ人海戦術で探すところだった。

山田　そのため、「トレッキングシューズを買って履き慣れておけ」と、指令を出しておいたんです（笑い）。

山根　カプセルの大気圏再突入時はどこにいました？

山田　私は、ウーメラには行けないかもしれなかったので、私がいなくても回収の運用ができるよう万全の準備をしておいたんです。八木アンテナによる方向探索システムは私が作ったんですが、現地では若手がしっかり引き継いで運用してくれていたので、あの瞬間には私がしなければならない仕事はなかったんです。そのため、RCCの外へ出て、肉眼で大気圏再突入の光跡を見ることができました。ちょっとズルかったかも（笑い）。どんなコースでカプセルが現れるかは事前に計算をしていましたが、凄い光で爆発したのを見て、カプセルが破裂した、ヤバイ！と。それが、「はやぶさ」の燃料であるキセノンなどの爆発によるものだとは後で知りましたが、あの瞬間には、「これは計算を間違っていた」とよけいなことを考えてしまって。その直後にRCCの室内に戻ったんですが、ビーコンを確認するまでは怖くて眼を閉じていました。

秘密の構造と樹脂

山田哲哉さんの研究成果を受けて「カプセル」の組み立てを担当した益田克之さんもトークショーに来てくれた。

益田克之さん（ますだ・かつゆき）
ＩＨＩエアロスペース、富岡事業所（群馬県富岡市）で「はやぶさ」の「カプセル」の組み立てを担当。

山根　カプセルの組み立てでは何に苦労しました？

益田　会社では人工衛星を宇宙へ運ぶためのロケットの製造を担当していたんですが、そこにカプセル製造の話がきたんです。今まで手がけたことのない分野だったので、まごつきました。

山根　大気圏再突入でカプセルは３０００℃もの熱に耐えなくてはいけなかった。

益田　耐えてはいないんです。前面ヒートシールドは、炭素繊維でできた網の中に樹脂を埋め込んだ構造です。山田哲哉先生の説明では、ここが受ける熱は、１平方メートルあたり15メガワット。畳半畳に1万5000台の電気ストーブの熱を入れたくらい厳しいわけです。前面ヒートシールドはその加熱で溶け、熱分解した樹脂のガスが表面にフィルムのような膜を作るんです。これが1万℃にもなる超高熱空気との間に薄い層を作り、熱の影響を緩和する仕掛けです。もうひとつ、樹脂が高熱でガスとなって出ていくときに、ヒートシールド内部の熱を吸熱反応で奪います。このふたつの効果で、カプセルの内側が熱くなるのを防いでいるんです。

山根　炭素繊維で作った網はどんな構造ですか？　また、埋め込んだという樹脂とは？

益田　それは……、企業秘密（笑い）。

山根　山田先生の説明によると、「はやぶさ」本体からカプセルにサンプルキャッチャーを押し込む際、完全に密封するよう綿状のもので挟んだそうですが、それはどんな素材？

益田　それは……、企業秘密です（笑い）。

山根　困った、トークが成り立たない（笑い）。益田さんは100分の1ミリメートルと言われれば1000分の1ミリメートルという精度を考えて、カプセルの組み立てに取り組んだと聞いています。そのカプセルが7年ぶりに戻ってきた時はどこに？

益田　ウーメラ村から120キロメートル東に走った最初の村、グレンダンボの駐車場で待っていました。カプセルの着地点からは200キロメートルの場所です。夕方までRCCにカプセル回収チームとともにいたんですが、私はカプセルが戻ってくるまでは仕事がないので、仲間から

「帰ってよし」と言われたんです。そこで、せっかくだから見に行くことにした。それは、苦労してカプセルに取り組んできたことを知っていた仲間の配慮、やさしさのおかげでした。

山根 見た時の気持ちは？

益田 泣きそうでした。帰ってくるだろうと信じてはいましたが、実際にこの目で見るまではわかりませんでしたから。初めに青い光が見えて、だんだんと大きくなり、破裂したように明るくなった。一度おさまって、青い光が消えたあとに赤い光がスーッと流れた。ウーメラ村へ帰る車の中で計算して、間違いなくカプセルが帰ってきたのだと確信しました。実際にカプセル発見の報告を聞いたのは翌朝でしたが。

山根 カプセル帰還のおかげで「はやぶさ」は日本中を熱狂させました。

益田 こうなるとはまったく想像していませんでした。カプセルの製造の仕事は、「はやぶさ」打ち上げの4年前、1999年から始めているんですが、2003年の打ち上げの時も静かでしたから、帰ってくるときも静かだろうと思っていた。ところがカプセル帰還で家族は大騒ぎ、親戚一同にまで騒ぎが広まり、今も時々電話がかかってきてうるさいです（笑い）。

寒さの受信基地

あの日、誰もがカプセルから出るビーコンを待った。電波方向探査班チーフをつとめた川原康介さんは、そのビーコン受信をこう語った。

川原康介さん（かわはら・こうすけ）

１９７６年生まれ。鹿児島大学大学院理工学研究科物理科学専攻修了。２００２年、文部科学技官として宇宙科学研究所に入り、ミッション機器系グループで飛翔体搭載用アンテナの開発、レーダーによるロケット追跡業務などを手がけてきた。

山根　カプセルが想定通りの場所に着地するだろうという確信を持ったのはいつ？

川原　６月３日から５日にかけて、「はやぶさ」は地球から４５０万〜３６０万キロメートルの距離で軌道補正（ＴＣＭ－３）を行っています（ＴＣＭ＝Trajectory Correction Maneuver・軌道補正マヌーバ）。地球と月の距離のおよそ12〜９倍という場所でしたが、これがうまくいけば、ウーメラ砂漠に着地できるだろうと。

山根　地球帰還の８日前ですね。私は相模原キャンパスで、そのＴＣＭ－３成功を見届けてオーストラリアへ行くことに決めたんですよ。

川原　そのＴＣＭ－３の８日前の５月28日、すでに５～６名の先発隊がオーストラリア入りして準備に入っていました。そしてＴＣＭ－３の正常完了を受けて設定されたカプセルの着地想定範囲、「150×15キロメートル」の楕円の情報をもとに、ビーコンの受信局を４局立てて、１５０キロメートルの長楕円をカバーできるように配置したんです。

山根　テレビと同じ指向性がある八木アンテナで方角を探る……。各局の間隔は？

川原　約50キロメートル間隔に３局。あとひとつは、楕円の長軸を伸ばした先、約１００キロメートルの地点に配置しました。

山根　各局はいつからスタンバイを？

川原　２週間前にはアンテナなどの組み立てを開始しています。

山根　それぞれのポイントに野営を？

川原　いや、ホテルと往復していました。遠いところでは片道２時間の距離です。制限速度が時速１１０キロのスチュワート・ハイウェイを走り、途中から舗装されていない砂漠の中の道を４ＷＤで走って通ったわけです。キャンピングカーで野営する計画もあったんですが、リハーサルの時に、昼間の気温は14℃なのに夜間は３℃。寒くてまったく眠れなかった経験からホテル通いにしたんです。

山根　オーストラリアの６月は冬。私の投宿先のアパートは、暖房も風呂も壊れていて夜は震え

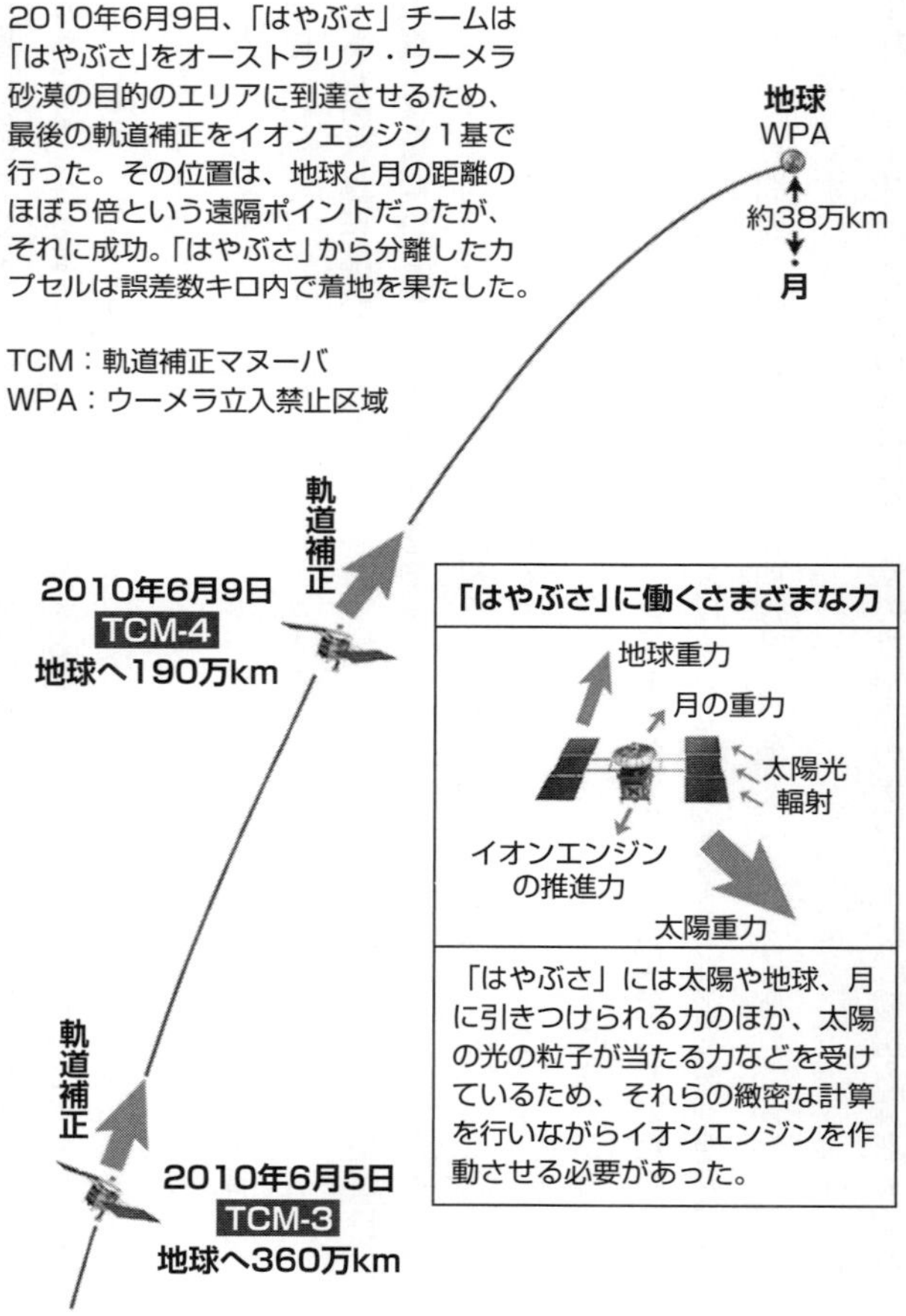

2010年6月9日、「はやぶさ」チームは「はやぶさ」をオーストラリア・ウーメラ砂漠の目的のエリアに到達させるため、最後の軌道補正をイオンエンジン1基で行った。その位置は、地球と月の距離のほぼ5倍という遠隔ポイントだったが、それに成功。「はやぶさ」から分離したカプセルは誤差数キロ内で着地を果たした。
TCM：軌道補正マヌーバ
WPA：ウーメラ立入禁止区域
地球
WPA
約38万km
月
軌道補正
2010年6月9日
TCM-4
地球へ190万km
軌道補正
2010年6月5日
TCM-3
地球へ360万km
「はやぶさ」に働くさまざまな力
地球重力
月の重力
太陽光輻射
イオンエンジンの推進力
太陽重力
「はやぶさ」には太陽や地球、月に引きつけられる力のほか、太陽の光の粒子が当たる力などを受けているため、それらの緻密な計算を行いながらイオンエンジンを作動させる必要があった。

Fig1.6 「はやぶさ」地球帰還の精密誘導

〈ISAS/JAXAの資料をもとに著者が作図〉

ていましたよ。

川原　砂漠ですからね。昼間は汗ばむくらいなんですが。

山根　ビーコンを受信する受信機とアンテナの精度は高かった？

川原　いや、あまり精度はよくなかった。ビーコンの発信源の方位角でいうと、プラスマイナス1度ほどの誤差が出る。これは、100キロ離れていると約2キロの誤差です。

山根　川原さんは大気圏再突入時のカプセルは見ましたか？

川原　肉眼で見ました。ＲＣＣに「見えた」と報告するのも仕事でしたから。もっとも僕らが見たのはカプセルが向かってくる姿で、横から見るほど感動的ではなかったんですが、確実に戻って来たという実感は味わえました。写真を撮っている余裕なんてありませんでしたが。

カプセルの塩漬け

ＲＣＣを飛び立ったヘリコプター、シコルスキーＳ－76に搭乗していたのはヘリコプター捜索担当の水野貴秀さんだった。このヘリコプターは、カプセルの想定着地点の近くの方探局に着陸。電波方向探査班によるビーコン追跡が終わるなり飛び立てるようエンジンを回したまま待機していた。そして水野さんは、ヘリコプター搭載の赤外線カメラでカプセルが降下してくる姿を見る。ビーコンによる着地位置が特定できたという報せを受けて飛び立ち、午後11時56分、カプセルを発見、夜間照明装置で撮影に成功する。正確な位置を記録できたため、翌14日のカプセル回収は確実となった。

水野貴秀さん（みずの・たかひで）

１９６４年、岡山県生まれ。横浜国立大学大学院工学研究科博士課程で電子情報工学を修了。マサチューセッツ工科大学客員研究員を経て１９９４年に宇宙科学研究所に入る。月・惑星着陸用レーダーおよびレーザー高度計が専門。２００５年に小型衛星「ＩＮＤＥＸ（れいめい）」のサブプロジェクトマネージャーを務める。博士（工学）、准教授。

山根　もしビーコンが出なかった場合、歩いて探す計画でしたが、その範囲は決めていたんですか？

水野　山田哲哉先生から、もし電波が拾えなくても、軌道計算からの予測で１５０キロメートルもの範囲ではないと聞いていました。問題は風です。パラシュートで降りてくるので風でどこに流されるか……。過去のデータから、99・９％以上の確率でこの範囲に落下するという予測を出していましたが、それでも数十キロメートルという幅になるので、現場では毎日の観測データや予報データを使って、最も可能性が高い場所をＥＤＬ（突入・降下・着陸）解析担当の山田和彦さん（宇宙科学研究所助教）が計算していました。ですから、その点を中心に徐々に範囲を広げる計画でした。

山根　当日の気象データをもとに？

水野　はい、今は世界中で気象ゾンデが毎日飛ばされていて、そのデータはインターネットでリアルタイムに利用できますし、その観測データからの予報値も公開されていますから。

山根　ということは、ビーコンが拾えなくても1日くらいで探せるという自信はあった？

水野　「その日のうちに見つけろ」というのが、みなさんの要求でしたから、それを裏切らないようにと大変でした。砂漠というと乾いていると思いがちですが、結構雨が降り、水たまりもできていました。ひと晩雨が降ると塩の湖ができる場所もある。カプセルがそんなところに落ちれば塩漬けです。でも、山田哲哉先生の指令は、「背面ヒートシールドも濡らさずに回収してこい！」（笑い）。雨が降る前に必ず見つけねばというプレッシャーが大きかったんですよ。

山根　現地では、「はやぶさ」帰還の数日前には道路が通れなくなるほどの雨が降ったそうですね。かなり大きな塩湖も見ました。

水野　雨が降ると湖の大きさも一晩でかなり変わります。

山根　そんな塩湖に浸っていたら、「見つかりませんでした」というしかない。

水野　「見つかりませんでした」では日本に帰れません（笑い）。

山根　「はやぶさ」の帰還の2日後、生物観察のためウーメラ砂漠の中をだいぶ歩いたんですが、藪のように木がびっしりと覆っている場所が多々あるのに驚きました。ああいう中にまぎれていたら見つけられない……。

水野　正直、それも恐れていたんです。探さなくてはいけないのは1つではなく3つです。パラシュートで降りてくるカプセルからはビーコンが出ますが、カプセルが脱ぎ捨てた前面ヒートシールドと背面ヒートシールドからはビーコンは出ませんからね。結局、カプセルの着地点は4局の方向探索システムによるビーコン追跡精度と風の影響を考えると「2キロメートル四方の範囲」としか特定できなかった。そのため、「2キロメートル四方をみんなで探そうね」と計画していたわけです。

山根　2キロメートル四方は東京なら、おおよそ東京駅、秋葉原駅、水道橋駅、半蔵門駅、そして東京駅で囲む四角形です。そこに中華鍋の蓋のようなものを歩いて探すなんて大変！

水野　20人が10メートル間隔に並び、毎日20キロメートルを歩かなければならない計算でした。道もない砂漠、というか荒地ですから、「体力がある若い人がいいな」なんて話してましたね。もっとも、人海戦術に取りかかる前に、はしご型にヘリコプターを飛ばす「ラダースキャン」

Fig1.7　焼け焦げた背面ヒートシールド〈写真・山根一眞〉

で、まずはきっちり探すことにはしていたんですが。

山根　見つけるのに時間がかかっていれば、テレビのワイドショーがやって来て、「帰還した『はやぶさ』の重要部品を探して、今20人が砂漠を歩いています。現場からの中継でした！」とやったかも（笑い）。

水野　報道機関に「カプセルは見つけます」と話すのはOKだったんですが、ヒートシールドも探します、とは口にできなかったんです。確実に見つけられるすべがなく、しかもヒートシールドの回収はミッションにはない「オプション扱い」だったからです。だからと言ってそれをチームに話せば、探す気持ちが失せてしまう。一方、山田哲哉先生からは「何が重要かわかっているよね」と脅されてました（笑い）。

山根　「はやぶさ」のカプセルの全国巡回展示では、本体よりも焼け焦げた背面ヒートシールドのほうがインパクトがあり、「こんなになってまで帰ってきたんだ」と人々の心をとらえる大きな役割を果たしただけに、見つかってよかった。

水野　それにしても、あの日のあの夜は偶然が重なったと思います。昼間は入道雲も出ていたため、さらに雲が厚くなれば、ビーコンが出ない場合に光跡によって着地点を特定する地上観測も難しいだろうと話していたんです。しかし夜になって雲は消え、風もほぼゼロ。ものすごい星空が広がり、神がかり的なものを感じました。

オーストラリアを狙うな

劇的な帰還の翌日、6月14日午後8時過ぎから始まったウーメラ村集会所のＪＡＸＡプレスセンターでの記者会見で、國中さんは、カプセルの発見場所が、想定した着地ポイントと誤差２０メートル以内だったと説明したあと、声を詰まらせた。

「はやぶさ」、そしてカプセルをここまで精密に導くのはどういう仕事だったのか。ＮＥＣの松岡正敏さんはこう明かした。

松岡正敏さん（まつおか・まさとし）

ＮＥＣの航空宇宙システムに所属し、「はやぶさ」の軌道計画を担当した。

山根　よくぞ「カプセル」をあれほど正確にウーメラに着地させたものだと……。
松岡　大気中と比べると大気がない宇宙空間のほうが計算は簡単です。着地予定地が決まっていてそこを狙うことは技術的には可能です。一方、大気があると、大気の密度や温度、風なども考慮しなくてはいけないため、1万ケースくらいを計算で割り出して、確率的にここだという答えを出す必要があります。私が計算したのは高度200キロメートルまでで、そこから先は山田先生の計算になるわけです。
山根　当日はどこで？
松岡　私の仕事は計算が主なのでウーメラには行っていません。大気圏再突入の時は相模原の管制室にいましたから。実はカプセルを見たのも地球帰還後なんですよ。「ああ、こんなモノだったんだ」と（笑い）。
「はやぶさ」の軌道をウーメラに定めたのは、直前のことでした。地球から遠い場所でウーメラを狙った場合、着地可能な範囲はオーストラリア全土に広がってしまう。そのため、オーストラリア政府から、「最初から正確には狙わないで下さい」と言われていたので、初めは地球に接近するものの、地球をすりぬける軌道を設定していました。そのあと精度を少しずつ上げながら目的地のウーメラを狙うように計算していったんです。地球に近づくにしたがって大気圏再突入の予測範囲がどんどん小さくなったので、やっと「オーストラリアの国土を狙ってもいいですよ」と許可をもらえました。

山根　その軌道計算には自信があった？

松岡　最初はすごく緊張して、自分の計算が正しいのかどうか不安でした。でも、いよいよ「はやぶさ」が帰ってくるとなったら、周囲の態度がコロッと変わり、検算をしてくれるようになったんです（笑い）。そのおかげで計算に間違いのないことがわかり、ひと安心。

「カプセル回収チームが勢揃い！」のトークショーで、チームの一人一人は、熱い思いを込めて、あの劇的な時をふり返り語ってくれた。

揺れ動く「はやぶさ」

計算によって得た軌道データは随時「はやぶさ」に送信され、「はやぶさ」はそれにしたがって軌道を小刻みに補正しながら地球を、そしてウーメラの目標を目指した。

ちなみに、「はやぶさ」の望ましい軌道を決めるためには、前提として「はやぶさ」の現在の位置を常に正確に知っておかねばならない。その作業は「軌道決定」と呼ばれ、富士通が担当した。

軌道決定の仕事を富士通の青木尋子さん（TCソリューション事業本部プロジェクト統括部長、当時）と大西隆史さん（科学システムソリューション統括部、当時）に聞くことができたのは、「はやぶさ」の帰還から5ヵ月後の2010年11月のことだ。

青木尋子さんによれば、富士通は宇宙開発事業団（NASDA、現JAXA）が発足した1960年代末から軌道計算を担ってきた長年の蓄積があり、その蓄積が「はやぶさ」の成功につながった。その青木さんが描いたかわいい図には、衛星や探査機の位置を精密に知ることがいかに大変かが表現されている。衛星や探査機は単に真空中を静かに移動しているのではなく、いびつな地球、月、惑星、太陽、太陽からの光の力などによってつねに揺り動かされている。そういう要素を勘案しながら、「はやぶさ」の今の位置を計算してきたのだ。

「はやぶさ」のチームの一員である大西隆史さんは、「はやぶさ」の設計段階からチームに参加、軌道決定技術の開発から取り組んできた。その仕事は、「はやぶさ」から送られてくるデータをコンピュータで処理し、「はやぶさ」がここにいるはずだという数値を出し続けることだった。

運用チームはその軌道決定データをもとに次の「はやぶさ」のアクションを決めていたが（軌道計画）、もしその数値にミスがあれば、「はやぶさ」は予定した時間に予定した場所にたどり着

現実は複雑その1

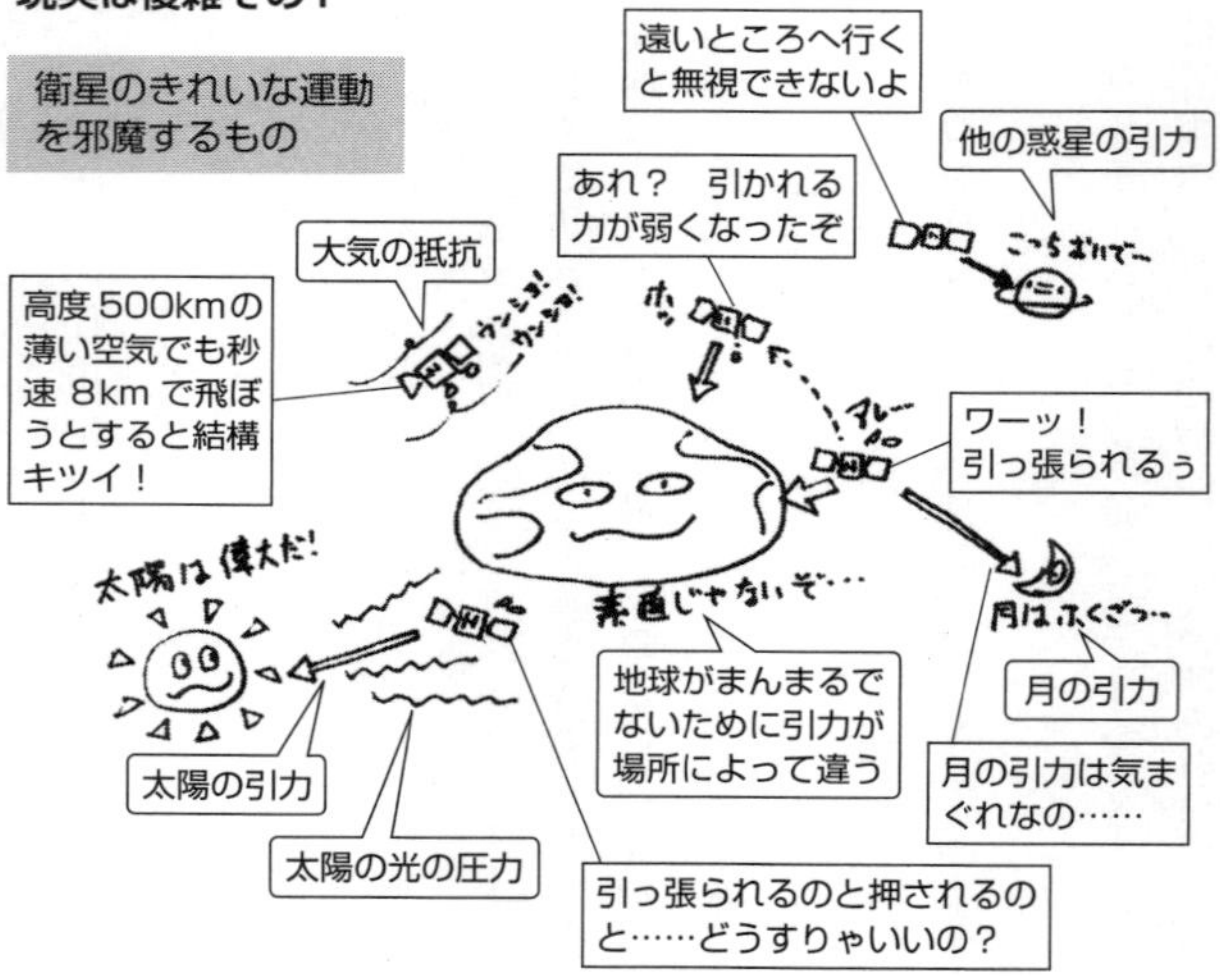
衛星のきれいな運動を邪魔するもの
遠いところへ行くと無視できないよ
他の惑星の引力
あれ？　引かれる力が弱くなったぞ
大気の抵抗
高度500kmの薄い空気でも秒速 8km で飛ぼうとすると結構キツイ！
ワーッ！引っ張られるぅ
太陽は偉大だ!
素直じゃないぞ…
月はふくざつ…
地球がまんまるでないために引力が場所によって違う
月の引力
月の引力は気まぐれなの……
太陽の引力
太陽の光の圧力
引っ張られるのと押されるのと……どうすりゃいいの？

現実は複雑その2

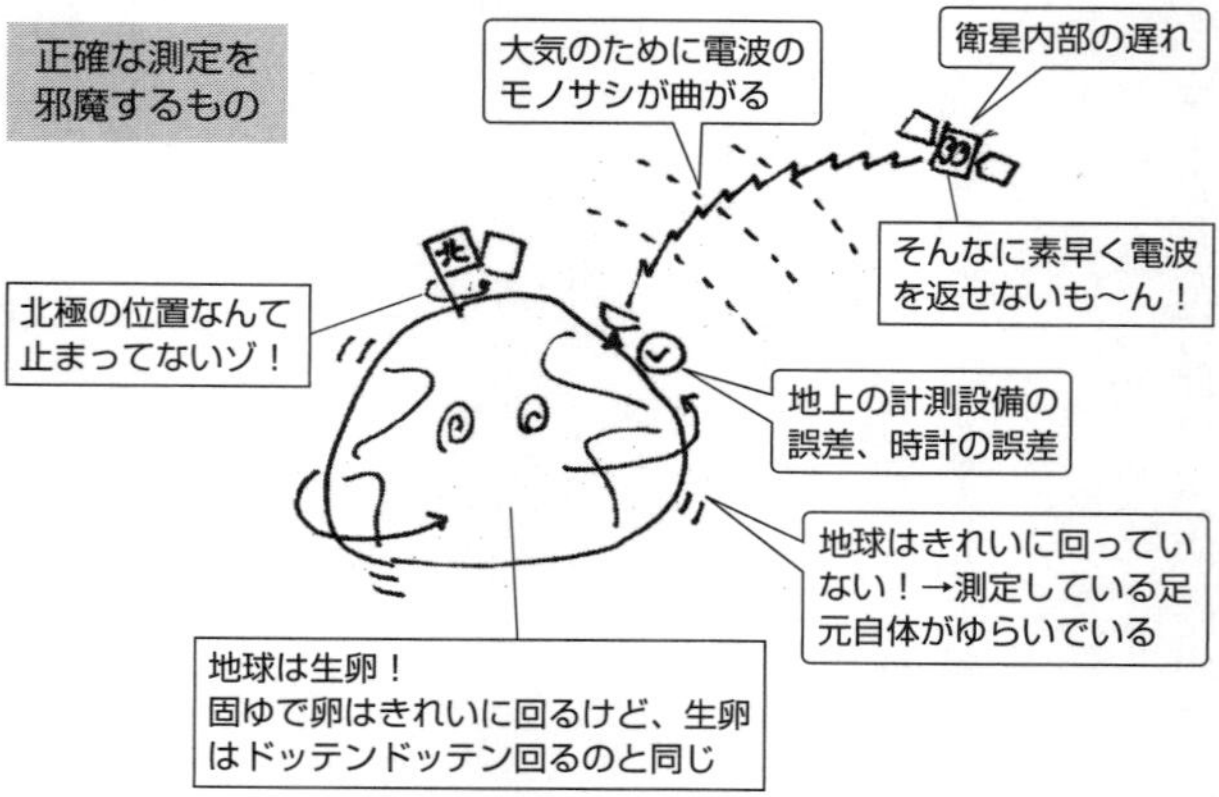
正確な測定を邪魔するもの
大気のために電波のモノサシが曲がる
衛星内部の遅れ
そんなに素早く電波を返せないも～ん！
北
北極の位置なんて止まってないゾ！
地上の計測設備の誤差、時計の誤差
地球はきれいに回っていない！→測定している足元自体がゆらいでいる
地球は生卵！
固ゆで卵はきれいに回るけど、生卵はドッテンドッテン回るのと同じ

Fig1.8　「はやぶさ」を支えた軌道力学
衛星や探査機は周囲からつねにさまざまな影響を受けている。
〈富士通・青木尋子さんによる〉

けなかった。「はやぶさ」に搭載したイオンエンジンは、推力が1円玉ひとつを動かす程度ときわめて小さい。そのため、イオンエンジンを搭載した探査機の位置を正確に推定することは、世界でもきわめて難しいといわれてきたのだという。だが、小惑星「イトカワ」への正確な到着、そしてカプセルの着地を通じて、事前に軌道決定した計算がきわめて高い精度だったことを証明した。大西さんは、「はやぶさ」が計算通りの精度で目的の位置に着くたびに大きな喜びを味わったという。

科学へバトンタッチ

カプセルの帰還は、「はやぶさ」チームの技術力、宇宙「工学」の成果だったが、帰還と同時にカプセルは「科学」チームへとバトンタッチされ、「サンプルリターン」が成し遂げられたのかどうかを確認する日々が始まる。

もし、カプセルの中に小惑星の物質（サンプル）が入っていれば、最初の仕事は「キュレーション」になる。サンプルを取り出し、整理のうえ記載、カタログ化し保管する仕事だ。国内外の研究者は、このカタログをもとに研究のためのサンプルの提供希望を申請するのである。

そのキュレーション担当の科学者、安部正真さんは、6月14日午後、ウーメラ砂漠でのカプセルの回収現場に立ち合っている。

安部正真さん（あべ・まさなお）

１９６７年生まれ。東京大学大学院理学系研究科地球物理学専攻。月の軌道進化などを研究。博士課程を中退（東京大学で２００６年に博士号）し、１９９４年に宇宙科学研究所に着任。太陽系始原天体探査、太陽系小天体の地上観測などに取り組んできた。博士（理学）、准教授。

山根　カプセルの着地の瞬間はどこに？

安部　ＲＣＣのＪＡＸＡの部屋にいて、衛星電話で「カプセルが見えた」という声は聞いているんですが、残念ながら光跡は見ていないんです。私はキュレーション担当なので、着地が成功すればカプセルはすぐに相模原キャンパスに運ばれます。その準備のため、衛星電話で逐次、日本側に報告をしていたからです。カプセルが見つかってホッとしましたが、それはキュレーションの仕事の始まりを意味しますから緊張しましたがね。

14日の午後、ヘリコプターで「現場」へ行き、山田哲哉先生らによる砂漠上に横たわるカプセルの回収作業をわくわくしながら見ていました。２００３年の打ち上げ時から「はやぶさ」のスタッフでしたから、カプセルには7年ぶりの再会です。2つのヒートシールドを脱ぎ捨てたカプセルの本体はとてもきれいでびっくりしました。

山根　どうしてあんなにきれいだったんですかね?

安部　宇宙空間には空気がないので腐食しないのは当たり前ですが、そうはいっても7年も過ぎていましたからね。意外と傷が浅いというか、耐えたんだなと思いましたよ。

「はやぶさ2」への序章

カプセルと2つのヒートシールドを搭載した双発ジェットの小型チャーター機がウーメラの飛行場を飛び発ち、日本へと向かったのは6月17日のことだ。同機には、安部正真さん、山田哲哉さん、矢野創さん(宇宙科学研究所助教)の3人が付き添い、同日の午後11時過ぎに羽田空港に到着した。トラックに載せたカプセルが、プロジェクトマネージャーの川口淳一郎さんらが待ち構える神奈川県相模原市の宇宙科学研究所に「凱旋帰宅」したのは、6月18日、午前2時15分のことだ。前日に帰国していた私も、その到着を迎えることができた。

宇宙科学研究所には、「はやぶさ」の打ち上げ以降の7年間、ほとんど姿を見たことがなかったテレビのワイドショーまでもが押しかけ大変な騒ぎとなった。

ゲートを入ったトラックは、カプセルを運び込み開封する施設、キュレーション施設前で止ま

Fig 1.9　キュレーション施設前でカプセルを運んできた「はやぶさ」チームと報道陣〈写真・山根一眞〉

り、カプセルを収めた大型の車輪付のケースは報道陣のフラッシュを浴びながら施設内へと運び込まれた。報道陣はこの建物内には入れないため、カプセルを収めた大きなケースをこの建物の窓ガラス越しに撮影する段取りがとられた。

午前2時40分、「はやぶさ」の科学チームは、窓ガラスの外から見ることができる廊下で、クリーンルームに入る前の準備として大型のアルミケースを拭く作業を見せてくれた（その作業は、報道陣が撮る写真や映像のために「何かしなくては」と考えた上でのサービスだったと後に知った）。

午前3時過ぎ、カプセル帰還の記者会見が別の建物にしつらえた会見場で始まった。「はやぶさ」を長年にわたり支えてきたプロジェクトサイエンティストの吉川真さんがその成功と喜びを伝え、午前3時半にはキュレーション施設から戻ってきた川口淳一郎さんも加わり、４時過ぎまでにこやかな表情で喜びを語った。

報道陣がまだその会見場にいた午前４時前、カプセルは思いもかけない移動をしていた。キュレーション施設内に「安置」されたはずのカプセルは、密かに研究所の別のゲートから再びトラックで運び出されていたのだ。トラックには、サンプルの仕分けや分析を担当することになる科学者たちが乗り込んだ２台のタクシーが伴走。その行き先は、相模原市の北、40～50分ほどの距離にあるＪＡＸＡ調布航空宇宙センターだった。カプセルを開封しないまま、まずここでＸ線ＣＴスキャナーによる撮影を行うのが目的だった。

記者会見を終えた私は、まさかカプセルが「脱走」していたとは知らないまま明け方に帰宅し就寝したが、昼前に家内から、「撮影したＣＴ写真では、カプセルの中には１ミリメートル以上の大きさの物質は入っていなかった」というニュース報道があったと知らされた。ずいぶん早い検査結果だとは思ったのだが、そのＣＴ撮影はキュレーション施設内で行ったのだと思い込んでいた。だが、キュレーション施設にはＣＴスキャナーはないため（予算が足りず）、調布へ持ち込むしかなかったのだという。

安部正真さんは、こう語っている。

安部　ＣＴ撮影でミリメートルサイズの物質が入っていないことがわかったのは事実ですが、

我々がCT撮影を急いで行った主目的は、それではなかったんですよ。
山根　それは初耳。
安部　カプセル内のサンプルを収める「コンテナ」と呼ぶ部分のシールがうまくいっているかどうかを確認し、カプセルの開封作業を予定通り進めてもよいかを判断するためだったんです。このCT撮影でそのシールが確認でき、「ああ、よかった！」と。
山根　どうして裏口から極秘に脱出を？
安部　人類が手にしたことがない月以外の天体の物質が入っているかもしれないわけですから、安全上の配慮からの作戦だったんでしょう。

調布でのCT撮影の後、相模原キャンパスに戻ったカプセルは、午後、再度CT撮影を行うため調布航空宇宙センターへと往復している。
カプセルを手にした科学チームは、その帰還直後から慌ただしく緊張に満ちた日々を開始していたのである。

第2章

手にした「他山の石」

分析の8人衆

２０１０年7月30日、最高気温およそ30℃。相模原市の宇宙科学研究所とは道路を挟んだ向かいにある相模原市立博物館で、「はやぶさ」が届けてくれたカプセルの初公開展示が行われた。初日の金曜日であるこの日、カプセルを一目見たいと駆けつけた人の数はおよそ1万３０００人。公開は2日間のみであったため、翌土曜日には、前日を上回る1万７０００人が来館した。猛暑のなか、最大待ち時間はおよそ4時間、終日長い行列が続いた。来館者の約6割は市外からで、「はやぶさ」人気の高さを物語っていた。

カプセルの一般公開は、その後２０１２年4月までおよそ６００日間にわたり全国69の会場で行われ、延べ89万人が約60億キロメートルの大宇宙航海をしてきたカプセルの姿を堪能した。

この全国巡回展示で公開されたモノは、カプセルを構成するパラシュート、インスツルメントモジュール（カプセルの中心部）、真っ黒に焼けた前面ヒートシールド、金色の樹脂フィルムの燃え残りが生々しい背面ヒートシールドの4点だった。カプセル全体の模型も展示されたが、肝心の「イトカワ」のかけらを取り込む「サンプル容器」の現物が展示されることはなかった。つまり、人々が見たのはもぬけの殻のカプセルだったことになる。それは当然で、公開展示された６００日余の前も後も、サンプル容器は宇宙科学研究所のキュレーション施設内にある真空、あるいは窒素ガスで満たした装置、「クリーンチェンバー」の中にあり、「サンプル＝イトカワ由来の物質」を探す作業が続いていたからだ。
そのキュレーション作業に取り組んでいたのは宇宙科学研究所の5名と大学からの3名、そしてNASAから参加した2名も加わっていた（いずれも肩書きは当時）。

藤村彰夫　宇宙科学研究所　固体惑星科学研究系　教授
安部正真　宇宙科学研究所　固体惑星科学研究系　准教授
矢田達　宇宙科学研究所　固体惑星科学研究系　開発員
石橋之宏　宇宙科学研究所　固体惑星科学研究系　研究員
白井慶　宇宙科学研究所　固体惑星科学研究系　研究員
野口高明　茨城大学　理学部　地球環境科学コース　教授
岡崎隆司　九州大学　理学研究院　助教
中村智樹　東北大学　大学院　初期太陽系進化学研究分野　准教授
マイク・ゾレンスキー　NASA　ジョンソンスペースセンター（JSC）
スコット・サンドフォード　NASA　エームズ研究センター（ARC）

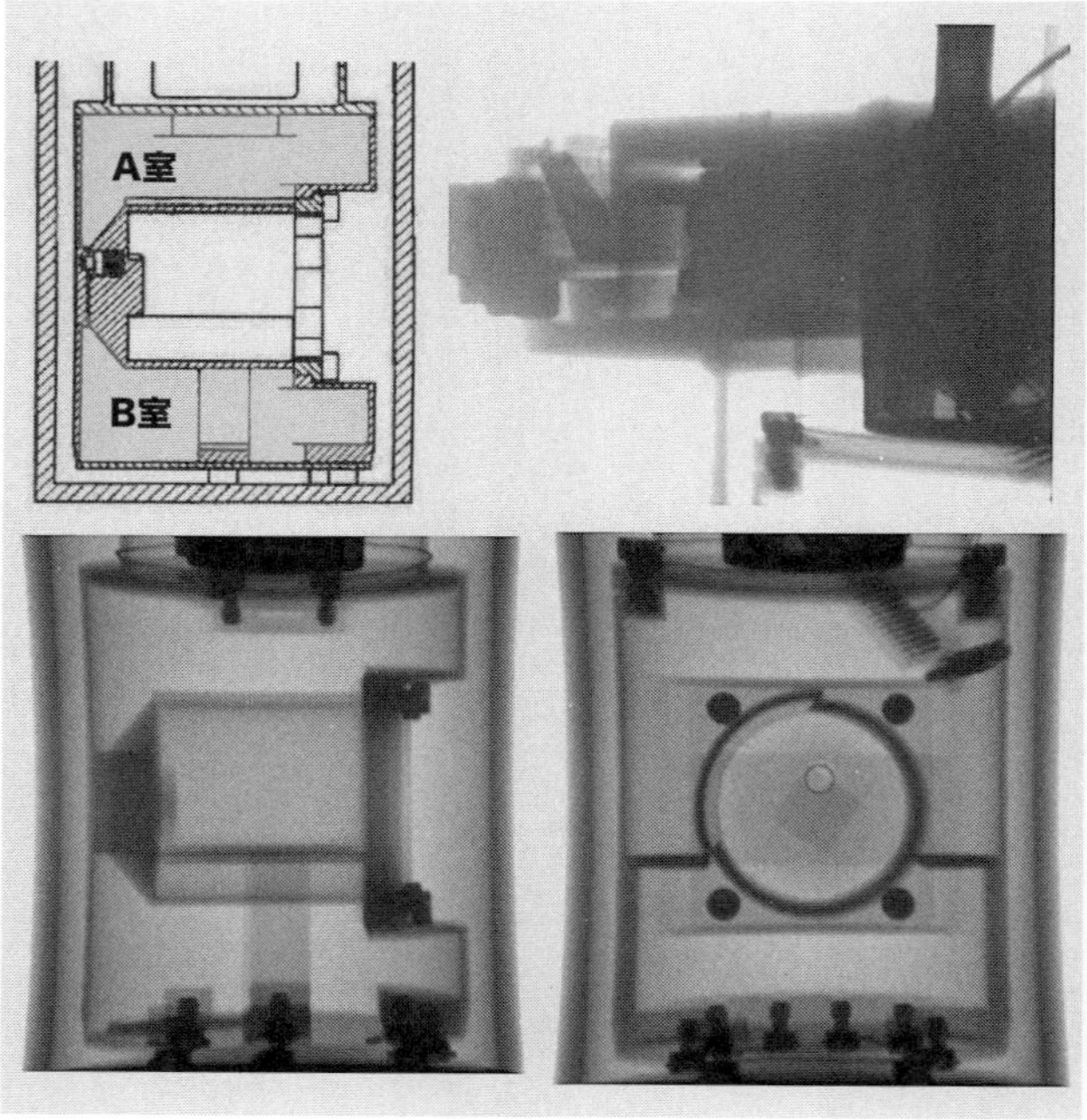

Fig2.1　CTスキャナーによるX線透過写真
左上・サンプルコンテナの設計図。右上・コンテナの蓋のCT画像。下・サンプルコンテナ内部のCT画像。この時点で1mmを超えるCTに写るほど大きなサンプルは入っていないことがわかった。
〈JAXA提供〉

このチームが最初に手がけた作業が、カプセルの帰着早々にJAXA調布航空宇宙センター飛行場分室（東京都三鷹市）で行った、あのCTスキャナーによるX線透過撮影だった。

その目的について、安部正真さんはカプセルを開封するための事前準備のひとつだったと説明してくれたが、もうひとつ、急がねばならない理由があった。「ガス（気体）」だ。

6月24日の夜、カプセルからごくわずかなガスが発見されたというニュースを聞いた私は、小惑星「イトカワ」にあったごくわずかな大気を持ち帰っていたのかと期待したが、その後、その「ガス」については伝えられないままだった。

ガスの由来

いったい、それは何の「ガス」だったのか。

キュレーション・チームの一人で、宇宙空間の「希ガス」が専門の岡崎隆司さんに聞いた。

岡崎隆司さん（おかざき・りゅうじ）

1971年福岡市生まれ。九州大学理学部地球惑星科学科に学び、後、東京大学の長尾敬介教授（希ガスが専門、「はやぶさ」の希ガス分析チームのリーダー）

に師事し博士号を得る。アリゾナ大学に1年間留学の後、2003年に九州大学大学院理学研究院助手、2007年から同理学研究院助教。「はやぶさ2」のサンプル回収容器の研究にも携わる。博士（理学）。

山根　当初、カプセルにごくわずかなガスが確認されたと伝えられましたが。

岡崎　あれは地球の大気です。

山根　えっ、地球出発時にカプセル内に入り込んでいた大気？

岡崎　違います。地球帰還時に入ったものと考えています。

山根　どのようにして？

岡崎　落下してきたカプセルは高度5キロメートルでパラシュートを開いていますが、その時の衝撃で、気密性を保つための「Oリング」にわずかな隙間ができ、サンプル収納容器（サンプルキャッチャー）を入れた「サンプルコンテナ」に大気が入ったのだろうと考えています。パラシュートの開傘には火工品（火薬）を使い、地上着地後にもカプセルが風で引きずられないよう火工品でパラシュートを切り離している。それらの火工品によってカプセルがかなりの衝撃を受けたのが原因ではないか、と。

山根　カプセルの中に入っていたガスの量は？

岡崎　200分の1気圧。それが、サンプルコンテナの中を満たしていたのです。

山根　きわめてわずかですが？

岡崎　「ほぼ真空状態」と言う人もいますし「かなりの量の大気」と考える人もいます。

山根　ガスが入っているとは、いつわかったんですか？

岡崎　サンプルコンテナには蓋があり、いきなり開かないようしっかり押さえる機構になっています。内部と周囲の圧力を精密に測りながらその蓋をゆっくり開ける作業をしていたところ、想定より大きな圧力がかかった状態で開いたので、「あら！」っと。ガスが「シュッ」と出た感じです、音がしたわけではないですが（笑い）。

山根　「200分の1気圧だ」と簡単に測れる？

岡崎　超真空槽内での作業ですから、ガスが出ればすぐわかります。リアルタイムで真空ゲージ（改良型超高真空用真空計）と四重極形質量分析計（QMS）でガスの量を測定していましたから。サンプルコンテナの容積はおよそ200ミリリットル。そこで計算によって200分の1気圧とわかったんです。さらにそのガスを集め組成を精密に分析したところ、間違いなく地球の大気だと確認できました。

山根　ガスが出たとわかった段階で、「イトカワ」由来のガスだという期待は？

岡崎　期待はありました。しかし量が多すぎるため「それはないね」と話してました。

山根　「イトカワ」のような小さな惑星では当然重力も小さいため、表面にとどまっている大気はなく真空なのでは？

岡崎　もちろんです。もしカプセルの中に「イトカワ」由来のガスが入っているとすれば、「イトカワ」から持ち帰った微粒子から出てきたもののはずなんです。微粒子の表面から数十ナノメートル（1ナノメートルは100万分の1ミリメートル）の深さまでの部分にあったガスが出てくることはありえます。しかし、その量はきわめてわずかなはずで、200分の1気圧もの大量のガスが出ることはありえないんです。ですから、200分の1気圧とわかった段階で「イトカワ」由来ではないことは明らかで、ガッカリしました。

山根　もしカプセル内に「イトカワ」の微粒子が入っていれば、わずかな量とはいえ地球の大気にさらされて、せっかく持ち帰った物質が影響を受ける心配は？

岡崎　3～4日で大きな変化は起こらないでしょうが、半年、1年では化学反応が起こりますから、ガスはできるだけ早く取り除きたかったんです。その後、高純度の窒素ガスの中に入れることで化学反応の進行は止められますから。

山根　キュレーション施設にカプセルが運び込まれた直後に、こっそりと宇宙研の裏口から「脱走」、調布航空宇宙センターでCTスキャナーでX線撮影をしてカプセルの密封状態を確認したのはそのためだったんですね？

岡崎　そうです。私たちはあらかじめ、カプセルが帰着するなり、すぐにＣＴスキャナーでＸ線撮影してから開封する、というトレーニングを続けていましたから。

カプセルの「脱走」は、予定の手順通りの作業だったのである。

他山の石

カプセルの開封は、「サンプルコンテナ」と呼ぶ円筒形のケースの蓋を開けるのが第一の作業だ。次に、そのケースの中にある手のひらに乗るほどの大きさの「サンプルキャッチャー」を取り出す。このサンプルキャッチャーも円筒形だが、もし「イトカワ」のサンプル採取に成功していればこの中にあるはずなのだ。

その「イトカワ」のサンプルが入っているかもしれない容器（サンプルキャッチャー）がどんなものなのかを見せてくれたのは、キュレーションの責任者（当時）、藤村彰夫さんだった。

「はやぶさ」の帰還後にキュレーション施設での仕事を聞くために訪ねたところ、藤村さんは汚れないようにと、外科手術用のゴム手袋をした手でそれをそっと取り出して見せてくれたのだ。もちろんホンモノではない。キュレーション・チームがサンプルを取り出す練習のために使ってきた精密なレプリカだ。

それは、直径が約4・5センチメートル、高さが約6センチメートルの円筒形で、内部の空間の大きさは餃子が2つ詰め込めるかどうかというほど小さかった。「はやぶさ」は「イトカワ」の岩石のカケラを持ち帰る……、そのイメージは数センチ角の岩石の破片を手のひらに山盛りになるくらい採取してくる計画かと思っていたが、まったく違っていた。

「サンプルは、せいぜいザラメ糖ほどのサイズのものを、多くても1〜2グラム程度持ち帰るという想定だったんですよ」（藤村さん）

およそ7年、60億キロメートルもの大宇宙航海を続けた「はやぶさ」だが、地球に持ち帰る予定のサンプルの量が最初からそれほどわずかだったとは思いもよらなかった。もっとも惑星科学者たちにとっては、ザラメ糖1粒のサイズは、巨大な岩石に相当するほど大きいのだという。

ちなみに藤村さんたちは、「はやぶさ」が帰還する3年前の2007年、建設途上だったキュレーション施設を紹介する「JAXA惑星物質試料受入（キュレーション）設備　惑星物質科学の新たな展開に向けて」という一文を『日本惑星科学会誌』（Vol.16, No.2, 2007）に掲載している。その冒頭の含蓄のある文章に感銘したことが忘れられない（以下一部引用）。

「他山の石」と言う言葉がある。広辞苑を引くと、「他山の石以て玉を攻むべし」の意味として「よその山から出た石でも、自分の宝石を磨くのに用いることができる」、とある（原典は中国戦国時代の詩集「詩経」)。この自己研鑽に役立つ他人のもの・言動を指す「他山の石」の教訓は、惑星物質科学においても通ずる。地球外の天体の試料を人類が初めて手にしたアポロ・ルナ計画では、(略)地球および地球型惑星の成り立ちについての理解が進み、「比較惑星学」という学問が成立するに至った。まさに、「他山の石」の研究が「自分の石(宝石)」の成り立ちの理解に役に立ったわけで、他の天体の試料を入手して、その物質科学的研究を行う意義は極めて大きい。

「他山の石」、こと地球外の惑星物質試料の入手経路は2つしかなく、落ちてくるのを待つか(もしく既に落ちたものは探すか)、取りに行くかのどちらかである。

前者が地球上に落下してきている隕石・宇宙塵で、後者が無人・有人の探査機によるサンプルリターンミッションである。前者の利点は試料回収のコストが比較的安価な事である。前者の欠点は、第1にその起源天体・放出地点を特定するのが極めて困難であること、第2に一連の地球環境での風化過程を経ることにより、試料が受ける消耗・破壊・汚染・変質である。

これに対して後者の利点は、地球外試料を最低限の地球起源汚染で回収できることと、試料を採集する天体・採集地点が特定され、むしろそれらをターゲットとして積極的に選択できる事である。後者の欠点は試料回収までのコストが高くつく事である。しかし、後述にも挙げるが、サンプルリターンミッションによってもたらされる知見の重要性は計り知れない。

「他山の石」を入手することへの熱い期待が感じられるが、果たしてその期待は現実となるのだろうか。

真空の潜水艦

ガスを検出するという思いもかけないできごとで始まった「はやぶさ」のサンプルコンテナの開封作業は、カプセルがキュレーション施設に運び込まれて1週間を待たぬ、6月24日に始まった。キュレーション施設では白い無塵服（クリーンルーム用作業服）に身を包み、白い帽子と大きなマスク姿のチームが、経験したことがないほどの緊張感をもってクリーンルームに入った。

キュレーション施設は4つのクリーンルームからなり、もっとも清浄度が求められる「イトカワ」のサンプルを取り扱う「惑星物質試料処理室」はクラス１００（米国連邦標準）という粒子清浄度だ。これは、1立方フィート（０・０２８立方メートル）中に粒の大きさが０・５マイクロメートル以上の塵が１００個以下という清浄度で、半導体工場並のレベルだ。しかし、これだけの清浄度でも、酸素や水分のあるクリーンルームでサンプル粒子を取り扱うことはない。それを行うのは、この「惑星物質試料処理室」に据えられた、幅約1メートル、高さ約１・６メートル、全長約5メートルの「微小宇宙物質試料作業チェンバー」（通称クリーンチェンバー）なのだ。惑星の物質を扱うこのような装置が作られたのはもちろん日本初だ（日立が主設計を行い、

Fig2.2　クリーンチェンバー
手前に見えるのが第１室、奥が第２室〈写真・JAXA〉

第1室を日立製作所が、第2室を大阪府茨木市に本拠地がある美和製作所が「気が遠くなるような作業の繰り返し」で製造)。

「チェンバー」は「チャンバー」と日本語表記することも多いが、「clean chamber」を直訳すれば「清浄な部屋」。実際は真空や窒素ガスを満たした状態を保つ完全密閉された小さな潜水艦のような装置だ。この中に「はやぶさ」のサンプルコンテナを入れて作業を行うのである。

クリーンチェンバーは大きく2つの部分に分かれている。第1室は、宇宙と同じ超高真空状態や窒素ガスを大気圧と同じ気圧で満たすことができる部分。第2室は、大気圧と同じ窒素ガスで満たした部分で、こちらでは光学顕微鏡での観察もできる。

「グローブボックス」と呼ばれる「潜水艦」の内部に人が手を入れて操作するための特殊なゴム製の手袋

が、第1室には2つ、第2室には6つ、内部に突き出すように装備してある。

キュレーション施設には、このほか走査型電子顕微鏡（日立ハイテク製、S－4300SE／N）を設置したクリーンルームなどがある。

キュレーション8人衆は、ここで半年以上にわたる厳しい作業を続けることになるが、その最初の作業であるカプセルの開封操作は東北大学の中村智樹さんが担当した。

中村智樹さん（なかむら・ともき）
1966年生まれ。東京大学大学院理学系研究科で鉱物学を専攻後、1993年、九州大学地球惑星科学科に助手として赴任。NASAの太陽系探査部門やドイツのマックスプランク研究所の宇宙化学部門への留学を経て2001年に九州大学助教授。2010年に東北大学准教授、2012年に同教授。博士（理学）。

山根　2010年6月14日の夕方、見事なまでの夕陽を背にウーメラのRCC（司令管制センター）にカプセルを回収したヘリコプターが戻って来た時には何ともいえぬ感動を覚えました。そのヘリコプターに駆け寄った多くの関係者の中に中村さんの姿もありましたが、ウーメラでは何を担当されたんですか？

中村　僕はカプセルの回収班ではなくて、回収してきたカプセルを一時保管する臨時のクリーンルームをRCC内に設営しに行ったんです。

山根　それ、見ました。部屋の隅に透明のビニールで囲んだコーナー。

中村　そうです。あそこでサンプルコンテナを取り出すわけではないんですが、回収後のカプセルは、付着している土を取り除いたり、純粋な窒素ガスを封入したバッグに入れるなどの処理が必要でした。そのうえでプラスチックのケースに入れ、アルミの鞄におさめて日本に運んだんです。臨時のクリーンルームは、そういう作業のためのものだったんです。もっとも僕は、キュレーション施設でのカプセルの受け入れ準備のため翌15日に帰国したんですが。

山根　そしていよいよ取り組んだカプセルの開封、大変な重責だったでしょう？

中村　チーム全員で1年半前から練習をしてきましたが、開封は基本的には僕がメインでした。「なぜ」と言われれば、一発勝負に強いからですかね。「ぜひやらせてほしい」という思いもあり藤村彰夫先生の了解をいただいたんです。開封の練習は何十回とやっています。

山根　本番ではガスが出ましたが。

中村　サンプルコンテナの中が真空ではなく何かガスが入っていることを前提にした練習には、もっとも時間をかけていたんですよ。

先に紹介した「JAXA惑星物質試料受入設備～」で、藤村さんは、こうも記していた。

不幸にしてサンプラー（注・サンプルコンテナのこと）に大気などの混入があった場合、粉体状試料の飛散防止の為、内圧とほぼ等しい圧力の高純度窒素雰囲気での開封が望まれるが、これについても対応している。

不幸かどうかは別にして、ガスの混入は想定外ではなかったのだ。

心臓がバクバク

山根　開封の手順は？

中村　サンプルコンテナの蓋と容器の間にはバネがあり強い力で蓋を押し上げていますが、蓋はラッチ枠で固定してあります。そのラッチ枠をはずすときにバネの力でバーンと開かないように4本の軸で押さえています。その力はおよそ160キログラム、軸1本あたり40キログラムの計算です。この4本の軸を順番にゆっくりと緩めていくわけです。

山根　その作業の記録ビデオを見せてもらいましたが、作業開始の冒頭で、中村さんが「じゃ

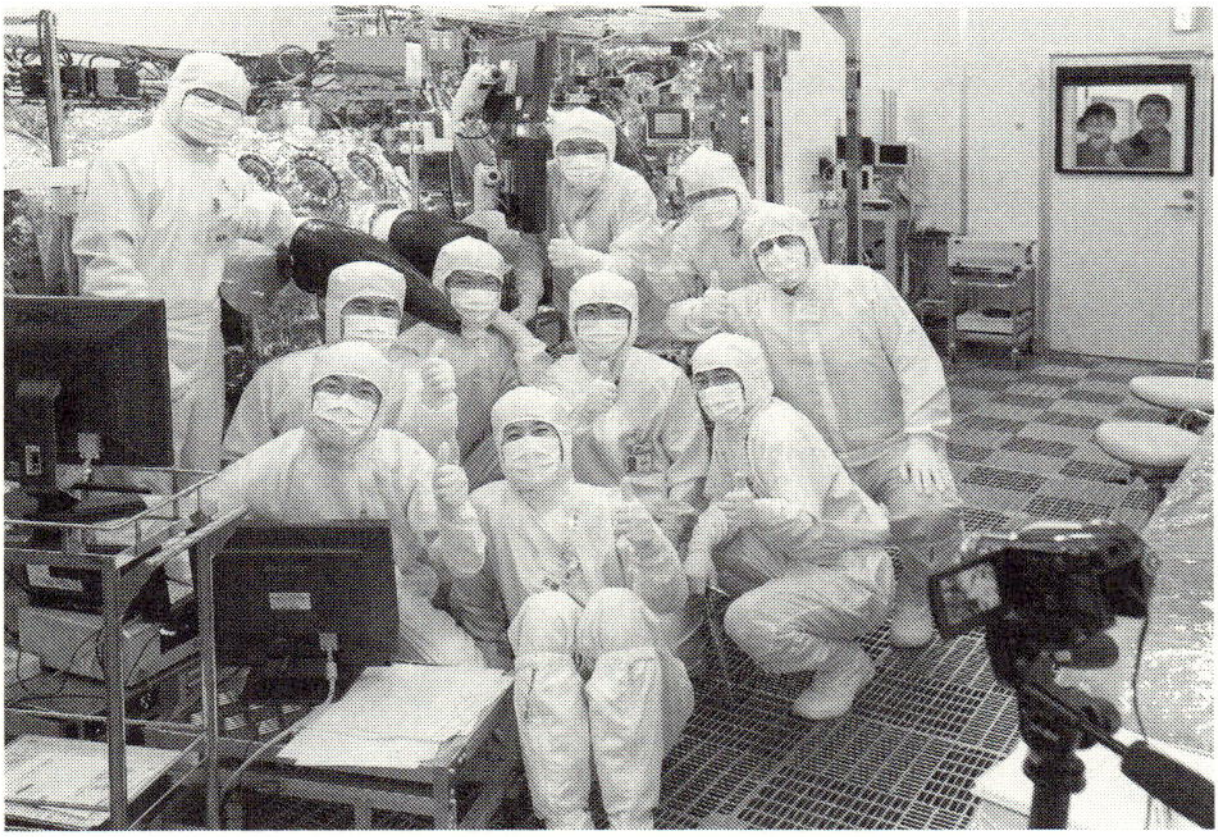

Fig2.3　カプセル開封に成功した喜びの記念写真。８人衆を含むチームのメンバーたち。
〈写真・JAXA〉

ー、あけるよーっ！」と大きなかけ声をあげましたね。

中村　気を引き締めて成功させようと。そして、４本の軸の高さをレーザーで精密に測定しながら、偏りがないよう各軸を5ミクロン単位で緩めていったんです。どれだけ緩めたかのレーザー測定値の数字を見ていたのは白井さんで、数値が変わるたびに読み上げる声が室内に大きく響いていました。もしサンプルコンテナの内部にわずかでもガスがあれば、蓋を押し上げる力が変わってきます。そのため、開封作業をしながらつねに内部の気圧を推定する必要があり、それを知るのは大変な苦しみでした。

山根　ガスは地球の大気だったと岡崎隆司さんに聞きました。

中村　そうです。僕と白井さんが容器を少しずつ開けている時に、チェンバーの裏では岡崎さんが待機していて、ガスを採取、測定していたんです。

約2時間後、サンプルコンテナの蓋をやっと問題なく開けることができた。中村さんは、「手が震えることはなかったが心臓はバクバクしていた」と、その緊張を語っている。

もっとも、これはまだ序の口。サンプルコンテナの中からいよいよ「玉手箱」であるサンプルキャッチャーを取り出さなくてはいけない。

中村　第1室で「サンプルキャッチャー」を取り出したあと、光学顕微鏡やこれからの作業に使う「マニピュレーター」（微粒子をピックアップする道具）を用意してあるクリーンチェンバーの第2室に移す必要がありました。サンプルが入っていれば、取り出すのも右手の第2室での作業になりますから。

山根　第1室から第2室への移動はどのように？

中村　まず、グローブに手を入れて、サンプルキャッチャーを固定してある4本のネジを六角レンチで回し、はずさなくてはいけない。しかしこのネジには小さな穴が開けてありワイヤーを通してきつく固定してあったんです。長い宇宙航海中に探査機の振動などによってネジが緩まないための対策です。

山根 それ、日本の戦闘機「零戦」のエンジンと同じですね。ロンドンの帝国戦争博物館に展示してある零戦を見たんですが、隣に展示してあったアメリカの戦闘機のエンジンにはそれがなく、さすが零戦だなと思いました。

中村 そうでしたか。で、手術用の鉗子を差し込んで固定しながらそのワイヤーを1本ずつ切る作業には難儀しました。ごわごわのグローブ越しであることも非常にやりにくい原因でした。

山根 グローブが手に合わなかった？

中村 僕の手は少し大きいので、小さすぎたんです。

山根 ネジを緩めるだけなのに相当大変な作業？

中村 いちばん怖かったのがネジ山をつぶしてしまうことです。この作業は高純度の窒素を満たした中で行っていたため、ネジ山をつぶしてしまったからといって、外に出しての作業はできなかったからです。また、真空中や純窒素中という水分がない空間では、金属同士はこすれるとすぐに温まり、また金属どうしがはりついて緩まなくなることもあるとわかっていましたから、うまく緩められるかどうかは大きな不安でした。といって、こういう作業は手の感覚が大事で機械まかせにはできないんですが、予想していたよりスムーズに動いてくれてホッとしました。１本目は本当に緊張しましたが、これであとは大丈夫だと。それでも４本のネジをはずすのには中腰のまま3時間かかりましたね。

山根　ネジをはずしてからは？

中村　サンプルキャッチャーの蓋にある小さな穴に長いバーをガチャッとはめ、そのバーをグローブの手でゆっくりと持ち上げ、右方向に移動。右横のグローブに手を入れて待ち構えている白井慶さんに、そのバーをバトンタッチするわけです。この作業、「二人羽織」と呼んでいましたが、受け渡しをする時に白井さんの手が震えているのがわかりました。もし移動中にサンプルキャッチャーがどこかに擦《こす》れたりすれば、よけいな金属の粉がサンプルに混じってしまうかもしれないですから。この練習も1年半前から何度もしていたんですが、本番では緊張するものですね。

理学と工学の絆

1年半におよんだ「練習」は、この一連のキュレーション施設での作業をいかに効率的でミスなく進めるかを見出すためでもあった。そうして積み上げていった「手順書」は改訂を何度も繰り返してまとめられたが、それは電話帳より厚いものとなっていた。

山根　1年半も「練習」を続けるのは大変だったでしょう？

中村　大変でした。大学から来ていた中村、野口、岡崎の3人のうち、平均するとこの1年半に常時1・5人が宇宙研にいたことになります。宇宙研の食堂の上にある狭いビジネスホテルのような宿泊施設に投宿、僕はいつも304号室でした。

山根　食事は？

中村　昼食は1階の食堂でできますが、夜は閉まっているので、30分に1本出る送迎用のマイクロバスに乗って最寄りのJR横浜線・淵野辺駅へ行くんです。数少ない定食屋を順番に回っていました。帰途は、同じバスで戻るんですが、乗っているのはいつも僕らだけでしたね。

山根　それだけの準備をしている最中、「はやぶさ」は地球帰還まであと7ヵ月と迫った2009年11月9日、「イオンエンジンが全て壊れた」という発表がありました。

中村　あの時はチーム全員で飲みに行ったんですが、まるでお通夜でした。イオンエンジンのことはわからないのでもうダメだろうと。せっかく作ったキュレーション施設を無駄にしないためには、宇宙塵（惑星間塵）の分析を行う施設にするのがいいのではというアイデアも出したり。しかし、JAXAの藤村先生は、「國中先生をはじめエンジン系の先生方はすごい人たちばかりだから、きっとどうにかしてくれる」と。安部正真さんも「きっとうまくいく」と、工学系の人たちの力を信じていることがわかりました。宇宙研では、理学系と工学系の意見のくい違いが少なくない面もあったんですが、両者とも本質的に深いところではお互いを信じているんだと感銘しました。

山根　いい話ですね、「はやぶさ」チームならではのスピリッツを感じます。話を戻しますが、クリーンチェンバー内で白井さんにバトンタッチしてからは？

中村　サンプルキャッチャーのA室の蓋を開けたところ肉眼では何も見えなかったが、光学顕微鏡で見たところ何かありそうだぞ、と。そこでマニピュレーターで「それ」をピックアップし、さらによく見ることにしました。6月29日のことです。

マニピュレーター（Manipulator）とは、直接手で操作できない環境で間接的にモノを操作する手や手先の代わりをする道具のことだ。「はやぶさ」のサンプルを扱うマニピュレーターは、生命科学者が細胞内のモノを取り出すために使うきわめて細い針と似た構造で、藤村彰夫さんのアイデアで開発した。石英ガラスのチューブ内に50ミクロンほどの白金線を通し加熱して引き延ばし、先端を直径3ミクロン程度の針状にしたものだ。中心部の太さ1ミクロンほどになった白金にわずかな電圧をかけると石英ガラス針の先端は静電気を帯びる。この静電気の力で微粒子を吸着するのだ。白金部分は石英ガラスにくるまれていて、微粒子には接触しない構造だ。

山根　そのマニピュレーターで、ついに「イトカワ」のサンプルを拾い上げた？

Fig2.4　クリーンチェンバーでマニピュレーション作業中の中村さん。粒子自体は肉眼では見えないため、横のディスプレイに映しだされた拡大像を見ながら操作をする。〈写真・JAXA〉

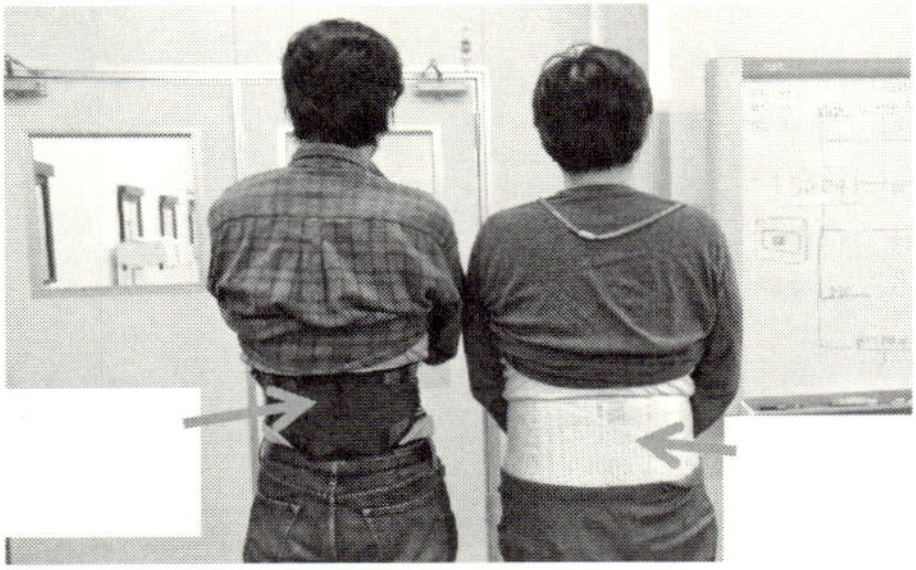

Fig2.5　中村さんらは、マニピュレーター作業のためクリーンチェンバーの前で前屈みになる不自然な姿勢を続けていたことから、腰痛に悩まされていた。写真は腰痛バンドをする中村さん（左）と野口さん。〈東北大学・中村智樹氏提供〉

中村　いや、「イトカワ」由来の物質ではなかった。藤村先生や野口先生もマニピュレーターを操作していくつか拾い出したんですが、10～100ミクロンの平べったいアルミニウムの破片でした。サンプルキャッチャーの内部はアルミニウムが蒸着してあったのですが、その表面のアルミが剝がれたものだったんです。僕たちは、それを「ヘラヘラちゃん」と呼んでいました。

山根　どうして「イトカワ」の微粒子が見えなかった?

中村　サンプルキャッチャーの内部は製造時に表面を加工した切削痕があり、それが乱反射して小さい微粒子はよく見えなかったんです。

ヘラヘラちゃん

カプセルが帰還してすでに1ヵ月、7月半ばになったが、毎日拾い出すのは「ヘラヘラちゃん」ばかり。これぞと思い拾い出しても、また「ヘラヘラちゃん」だ。

8月に入り、チームは「やはりイトカワの微粒子は入っていないのか」という思いにとらわれていく。なんとも辛い毎日だったが、思いがけないアイデアが出た。「拾う」のではなく「擦《こす》り取る」という方法だ。テフロン（フッ素樹脂、開発製造元であるデュポン社の製品名）製の小さなヘラでサンプルキャッチャーの内部を擦り、走査型電子顕微鏡で見てはどうか、と。

テフロン製のヘラはもともと用意してあった。サンプルキャッチャー内に数ミリメートルサイズの「イトカワ」の粒子がたくさん入っていた場合に、ヘラがあれば落としやすいと考えて作ったもので、先端の幅は15ミリメートル程度だった。そこで、より小さい5ミリメートルのヘラを日立に依頼して作ってもらったのだ。さっそく電子顕微鏡にこれを入れてテストしたがうまくいかない。通常の分析モードではテフロンが電子線で焼けて穴があいてしまうのだ（この電子顕微鏡の光源は1～30キロボルトで加速した電子線）。焼けないためには電子顕微鏡の加速電圧を低くする必要がある。さらに、電子線を当てた部分に電子が溜まり、走査ができなくなる問題にも直面する（チャージアップ）。

山根　それ、まるでイオンエンジンですね、「中和器」が必要！

中村　そうなんです。このチャージアップは、完全な真空ではなく、純窒素を50パスカル程度入れると防げることがやっとわかりました。窒素中に電子線が通ると窒素が電離し、発生した窒素イオンが電子を吸ってくれるんです。ところが、電子を吸ってくれるのはいいが、電子の加速度を遅くすると、元素分析に必要な「特性X線」が発生しないのです。「見るだけ」であれば低加速度でいいんですが、元素分析をしなければいけないため、加速電圧をある程度大きくする必要があったんです。

元素分析は、「はやぶさ」のサンプルでは必須の課題だった。サンプルに電子線を当てると、サンプルに含まれている元素から特有のエネルギーを持ったX線が出る（特性X線）。それによって、たとえばカンラン石であれば、マグネシウムとシリコンと鉄の割合がわかる。このX線の解析で、サンプルが地球にあるものと同じか地球にはないものかが判別できる。この「イトカワ」由来の物質かどうかを見極める特性X線分析のために、電子顕微鏡の加速電圧はある程度大きくする必要があったのである。電子の加速電圧と窒素濃度とのピンポイントでのベスト条件を見出すまで2～3週間を要したが、何とかテフロンのヘラを電子顕微鏡で調べるメドがついた。そして、サンプルキャッチャーの内部を擦り電子顕微鏡で見たところ、ごっそりと微粒子がついていたのである。

10月8日、ＪＡＸＡはこう発表した。

テフロン製ヘラで採取された微粒子の電子顕微鏡による観察を行っていますが、ヘラを用いて回収された試料を走査型電子顕微鏡により直接観察を行った結果、多数の微粒子が確認されました。なお、これらが小惑星「イトカワ」の物質であるかどうかの判断には、今後予定している初期分析の結果を見る必要があります。

サンプルキャッチャー内（A室）の内側をテフロン製のヘラで擦っているところ

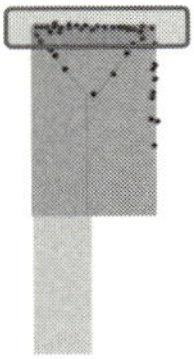

ヘラのこの部分を電子顕微鏡で拡大すると……

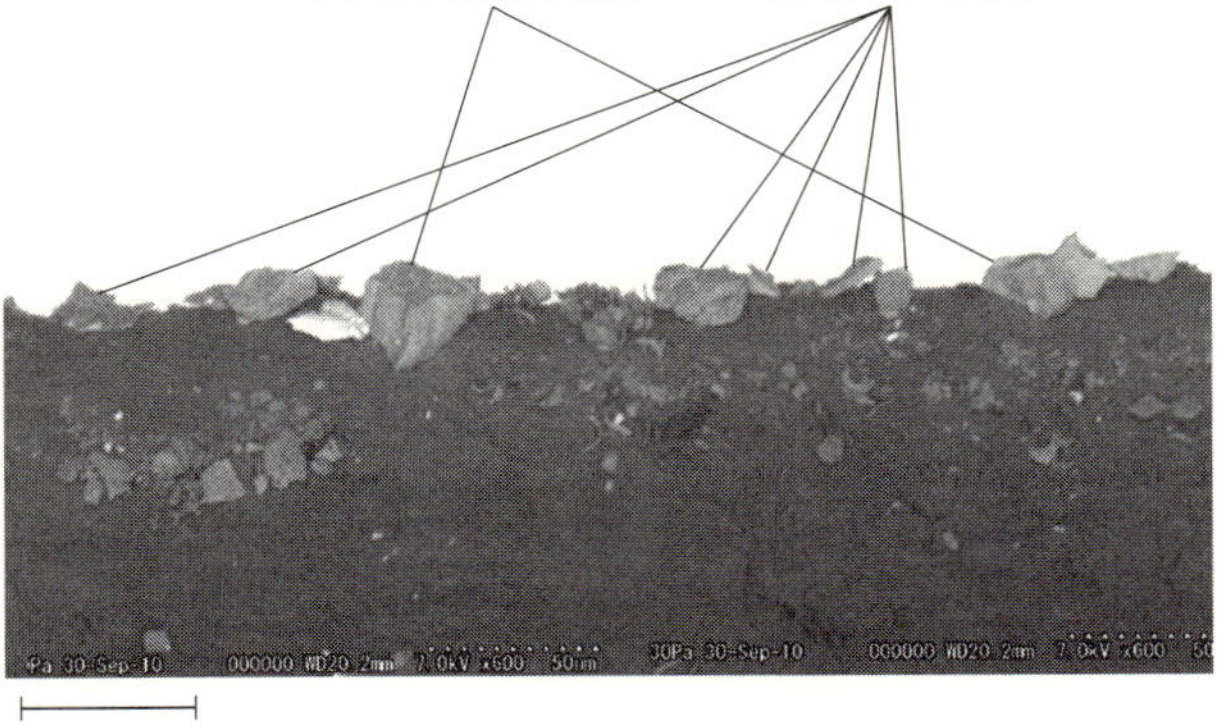

Fig2.6　テフロン製のヘラの電子顕微鏡画像と微粒子
〈写真・JAXA〉

山根　待ちに待った発表があり、ワクワク感が高じましたが、分析結果は？

中村　ヘラの先端部には、約1800個の「ヘラヘラちゃん」がついていましたが、それとは違う「イトカワ」由来の可能性がある微粒子が1535個ありました。粒子に対するダメージを考えて電子顕微鏡の倍率は600倍以上にしなかったため、3ミクロン以下のモノは見えないんですが、ヘラについていた3ミクロン以上の粒子の元素分析を始めたわけです。おそらく3ミクロン以下の粒子は相当あるはずですが、それは分析しないまま将来の課題として残してあります。

山根　分析結果は？

中村　微粒子に、カンラン石、輝石、斜長石、トロイライト（硫化鉄）、カマサイト（鉄とニッケルの合金）という5種の鉱物が含まれていることがだんだんとわかってきました。

山根　私、中学生時代に熱中していた鉱物採集でカンラン石や斜長石はずいぶん見ていますが、いずれも地球に多い鉱物ですよね？

中村　そうです。たしかにカンラン石は地球には多いので、最初はどこかで地球のものが混じったのかと思いました。100パーセント「イトカワ」由来だという確信はまだなかったんですが、ともに電子顕微鏡で調べていた矢田さん、野口先生などとともにさらに調べていったところ、数日後、数十粒目の分析でトロイライトが出た。トロイライトは地球に少なく、かつ、カンラン石、輝石、斜長石、トロイライト、カマサイトの5つを含む岩石は地球には存在しません。

地球には酸素があるため鉄などの金属が酸化してしまうからです。これは、絶対間違いなく「イトカワ」由来の微粒子だと思いました。横にいた岡崎さんとガッツポーズですよ。

「はやぶさ」のミッションは目的を達成したことが確認できたのだ。この確認作業は10月5日から12日にわたって行っているが、518年前の10月12日は、コロンブスが西インド諸島に上陸し新大陸に到達した日なのである（南北アメリカの各国では10月12日はコロンブス・デーとして祝日）。「はやぶさ」はコロンブスの時代の大航海時代になぞらえて「大宇宙航海」と呼ばれてきたが、そのゴールは奇しくも500年余り前の大航海時代のゴールと同じ日だったのだ。

電子顕微鏡で分析するには1粒あたり5分はかかるが、チームは1ヵ月半かけておよそ500粒の分析を終えた10月半ば、プロジェクトマネージャーの川口淳一郎さんを囲む会議で、微粒子が「イトカワ」由来であると確認できたと報告した。とても喜んだ川口さんだったが、キュレーション・チームに対して、「本当に間違いないところまで分析を続けてほしい」と思いがけない要請をする。発表する以上は何を言われても大丈夫なよう、絶対間違いないという証拠を固めておきたい、というプロジェクトマネージャーとしての思いがあったのだ。それは2005年11月26日、「はやぶさ」が「イトカワ」でのサンプル採取に成功したと発表、日本のみならず世界に「快挙!」と大きく報じられたにもかかわらず、その後、サンプル採取に必須の小さな弾丸が発射されていなかったことがわかり、「失敗だった」と訂正発表せざるをえなかったことの「トラウマ」があったからではないかと言われている。

こうして迎えた２０１０年11月16日、ＪＡＸＡはやっと微粒子の分析成果を発表した。

サンプルキャッチャーA室から特殊形状のヘラで採集された微粒子をＳＥＭ（走査型電子顕微鏡）にて観察および分析の上、１５００個程度の微粒子を岩石質と同定いたしました。更に、その分析結果を検討したところ、そのほぼ全てが地球外物質であり、小惑星イトカワ由来であると判断するに至りました。

歴史的な発表の記者会見場には、プロジェクトマネージャーの川口淳一郎さんと並んでサンプル分析を担った藤村さん、中村さん、野口さんの姿もあった。１５００粒の微粒子が「イトカワ」由来であることは、その鉱物組成のほか、「はやぶさ」が「イトカワ」到着後に近赤外分光計（ＮＩＲＳ）で観測した表面物質のデータと一致していることからも裏付けられた。さらに地球の火山由来の火成岩が含まれていないことも明らかにされた。２００３年、「はやぶさ」は鹿児島県の鹿児島宇宙空間観測所（現在の内之浦宇宙空間観測所）で打ち上げられたため、万が一、およそ50キロメートル離れた桜島の噴煙（火山灰）の混入がないことの確認も行っていたのである。

この記者会見で川口さんは、こう語った。

「信じられないほど嬉しい。『はやぶさ』が地球へ帰還の飛行が始まった時から、心の底では（サンプルが）1粒でもいいので入っていてほしいと思っていました。いや、あると信じていたからこそ帰りの運用を支えられたんです」

川口さんは、カプセルの回収から156日目に迎えたこの日をもって「はやぶさ」のミッションは目的を達成したと宣言したが、科学者たちにとっては、手にした小惑星の微粒子、「他山の石」から太陽系の物語を読み解く日々がいよいよ始まることを意味していた。

第3章

寅次郎の鞄

龍角散の粉粒

「はやぶさ」の7年にわたる大宇宙航海が多くの人々の心をとらえたのは、日本人の「旅もの好き」に通じるものがあったからかもしれない。長いことテレビドラマとして人気を維持した『水戸黄門』も旅ものだった。『夜鴉《よがらす》銀次　旅鴉』のように芝居でも、旅から旅を続ける登場人物はどこか人を惹きつける。「フーテンの寅」こと車寅次郎が主演の映画『男はつらいよ』（山田洋次監督）が48作ものシリーズとなったのも、「旅もの」ゆえという要素が大きかったのではないかと思う。旅先でさまざまなドラマ、トラブルや感動の体験をした寅次郎、フーテンの寅が、やっと故郷の東京、葛飾柴又へと帰ってくるたびに、私たちはなぜか安堵の思いを味わってきた。この寅次郎の旅では「宇宙への旅」が描かれたこともある。１９８５年（昭和60年）公開の『男はつらいよ　柴又より愛をこめて』だ。

全世界注視のなか、日本人初の宇宙飛行士に「日本人らしい」という理由で選ばれた車寅次郎が発射の時を待っていた。（「男はつらいよ」松竹公式サイト）

これは寅次郎が見た夢のシーンなのだが、寅次郎を「はやぶさ」に重ね合わせると、自らの命を絶っても「カプセル」を地球に届けた義理堅さ、そしてけなげさは、どこかフーテンの寅に通じるものがある。と、空想をふくらませると、寅次郎が旅に出る時に必ず携えていた四角い革の鞄は、「はやぶさ」のカプセルに思えてしまう。

＊

「はやぶさ」の帰還前、キュレーション施設のトップ（当時）、藤村彰夫さん（現・ＪＡＸＡ名誉教授）は、「カプセルにはひょっとして咳止め薬の龍角散の粉粒ほどの大きさのものが1つか2つ入っているかもしれない」と語っていた。そこで私は、２０１０年6月18日、故郷に帰着する「はやぶさ」のカプセルを相模原キャンパスに迎えに行った際、丸いアルミ缶入りの龍角散をポケットにしのばせていた。龍角散の粉粒ほどのもの1つでも入っていてほしいという、「おまじない」のつもりだったが、その願いは通じた。キュレーション施設では、長い旅鴉を経て柴又ならぬ相模原に帰ってきた、寅さんの鞄ならぬカプセルから、「イトカワ」の微粒子を取り出したのだから。

宇宙塵のノウハウ

ところで、その粉粒のような微粒子を拾い出し分析する仕事はきわめて特殊なことで、「はやぶさ」ミッションならではの厳しい取り組みに違いないと思っていた。だが、キュレーション施設のクリーンチェンバーで「イトカワ」の微粒子のピックアップ作業を担った一人、九州大学教授（当時は茨城大学教授）の野口高明さんによれば、そうではなかったというのである。

野口高明さん（のぐち・たかあき）

１９６１年、東京都生まれ。１９８５年東京大学理学部卒業、１９９０年同大学大学院理学系研究科博士課程修了。同年日本学術振興会特別研究員（愛媛大学）、１９９１年、茨城大学理学部地球科学科助手、２００９年、同理学部地球環境科学コース教授として「はやぶさ」のキュレーション作業を担当し、その解析でも成果をあげた。２０１４年、九州大学基幹教育院教育実践部教授（理学府・地球惑星科学専攻）。鉱物の宇宙風化作用や宇宙塵（南極微隕石）の鉱物学的研究に取り組んできた。理学博士。

山根　藤村先生は、カプセルの微粒子のサイズを龍角散の粉粒にたとえていました。

野口　龍角散の粉粒は1粒が約30ミクロン（1ミリメートルの約30分の1）前後のようですが、「はやぶさ」のカプセルに入っていた微粒子は平均50ミクロン。ほぼ正しい推測でしたね。

山根　そんな極小サイズの微粒子を分析するなんて不可能だろうと思っていました。

野口　宇宙由来の微粒子の研究は珍しいことではないんです、長年にわたり宇宙塵《うちゅうじん》の研究が続いてきましたから。宇宙塵は、星間物質の一種で星を作る材料でもあります。宇宙に漂う宇宙塵の密度はきわめて希薄ですが、長い宇宙の歴史の中で、それらが大量に集まって作られるのが星雲です。恒星も惑星も、その宇宙塵や星間ガスが集まって作られてきたわけです。その宇宙塵のサイズは10〜15ミクロンほどですから、龍角散よりさらに細かい。

山根　気が遠くなるような話。

野口　その宇宙塵を調べることで太陽系や太陽系外の成り立ちがわかるため、私も中村智樹さんも宇宙塵の研究を続けてきたんです。

山根　10ミクロンは1００分の1ミリメートル、それほど小さな微粒子を調べるノウハウはすでに宇宙塵で経験済みだった、と?

野口　そうです。しかも、宇宙塵と比べると「イトカワ」の微粒子は1００ミクロンのものも多く「ひときわ大きい」ので、分析は難しくはなかったんです。

山根　宇宙塵って、どうやって採取を?

野口　地球上には宇宙から1年間に1００トンほど降り積もっているものの、一般の地表から採取することは難しい。そこで、地表まで到達した宇宙塵を、南極の氷や雪の中から集めるのが一つの方法です。私は、２０００年代の半ばから国立極地研究所の雪氷部門にお願いして、南極の「ドームふじ」というポイントの、深さおよそ１７０メートルから得た氷のボーリングのコアの提供を受け、茨城大学のクリーンルームで雪を溶かし、そこに含まれる宇宙塵をひと粒ずつ集め分析してきているんです。ですから、十数ミクロンという小さい粒は問題ないんです。

宇宙塵の採集では、地球由来の物質が混じらない成層圏（地表から10〜50キロメートル上空）で採取する方法もあります。それに取り組んできたのがワシントン大学（米国シアトル市）の天文学者、ドナルド・Ｅ・ブラウンリー博士（１９４３〜）です。彼が１９７０年代の大学院時代から行ってきた方法は、高度２万５０００メートルという高々度まで飛行可能なＵ－２偵察機の利用です。成層圏にまで上昇したＵ－２機はそこでエンジンを切り、機外にシリコングリースを塗ったポリカーボネートの板を出し、グライダーのように滑空、下降をしながら宇宙塵を付着させる。エンジン停止は航空燃料の排ガスの微粒子が混ざらないようにするためです。高度が下がると再び上昇ということを繰り返し、粘着板を３時間ほど曝露させると１００粒ほどが得られます。それを、ラボのクリーンルーム内で粘着板からひと粒ひと粒取り出すわけです。

行方不明中の大ニュース

野口さんや中村さん、岡崎さんらは、南極や成層圏から得た宇宙塵ではなく、宇宙空間で採取した宇宙塵の分析も行ってきた経験がある。

「はやぶさ」は小惑星「イトカワ」に到着後、2005年11月26日、表面の物質を得るための2度目のタッチダウンに挑んだが、その直後に化学推進エンジンが燃料漏れを起こし制御不能に陥った。そして12月8日、通信が途絶し「行方不明」となる。誰もが「これで、人類初となる月以外の天体にタッチダウンして行うサンプルリターンは絶望的」と受け止めていた。その38日後の2006年1月15日、アメリカからビッグニュースが届いた。

NASA（アメリカ航空宇宙局）が1999年（平成11年）に打ち上げた「スターダスト探査機」のカプセルが、ユタ州の予定地に着地、帰還に成功したというのだ。スターダスト探査機が目指したのは、ヴィルト第2彗星（短周期彗星81P／Wild、大きさは5・4×3・8×3・0キロメートル）。太陽のまわりをおよそ6年と少しかけて周回している汚れた雪だま状の彗星で、そのコアから吹き出しているジェットの一部から微粒子（宇宙塵）を採取、地球に持ち帰る「サンプルリターン」を目指していた。このプロジェクトを支えてきたのが、あのブラウンリー博士。太陽系の成り立ちを知るために地球の影響を受けていないピュアな宇宙塵を得たいという目的を達成したのだ。

「はやぶさ」チームにとっては、よりにもよって「はやぶさ」が絶望的な状態に陥ったさなかの「サンプルリターン成功」で、その報せは大きなショックだったろう。ところが「はやぶさ」

は、スターダスト探査機のカプセルの帰還からわずか8日後、行方不明から45日目の1月23日、地球に細々とした信号を送ってきたのだ。それはまるで、スターダスト探査機のカプセルの地球帰還を知って、「NASAに負けていられるか！」と蘇生したかのようだった。

ちなみに、宇宙から物質を持ち帰るサンプルリターンでは、NASAは「はやぶさ」打ち上げの1年4ヵ月後の2004年9月8日、「ジェネシス探査機」のカプセルの地球帰還を果たしている。これは、太陽から吹き出している太陽風に含まれる電離した微粒子を採取する目的のミッションだった。カプセルのパラシュートが組み立て時の配線のミスから開かず、ユタ州の砂漠に激突したものの、サンプルの回収はできた。月以外からのサンプルリターンではこれが第1号で、スターダスト探査機はそれに続く成功だった（月以外の天体に着地しサンプルを得て地球に戻ったのは「はやぶさ」が人類初）。

スターダスト探査機がヴィルト第2彗星におよそ250キロメートルまで接近し採取してきた宇宙塵のサイズは1〜300ミクロンで、総数は1万個以上にのぼると言われている。ヴィルト第2彗星は海王星より外側の軌道（低温領域カイパーベルト）を周回していた時代が長く、その微粒子（彗星塵）には氷や有機物も含まれており、太陽系の起源物質の特徴を持っていると期待されていた。また、地球の成層圏で採取してきた宇宙塵は太陽系外の外縁から飛来したものではないかと言われてきたことから、その決定的な確認のためにもヴィルト第2彗星の微粒子のサンプルリターン、そして解析には大きな関心が集まっていた。

初期太陽系の物語

その宇宙塵サンプルの初期分析には日米欧の国際チームが参加、微粒子は世界の187名の研究者に渡され、さまざまな手法、分野での解析が行われてきた。野口さんや中村さんらはその解析にも取り組んできたのである。

野口　私は茨城大学時代、初めは隕石の研究をしていましたが、宇宙塵に取り組むきっかけとなったのは1996年（平成8年）に東京大学宇宙線研究所で開かれた「新世紀の宇宙塵研究」という集会でした。そこで、NASAが成層圏で採取した惑星間塵を透過型電子顕微鏡で観察し成果が出ているという報告があり、物理系の方から、「その手法は日本でも可能か？」と問われたんです。僕は独自にその手法の開発を続けていたため「可能だ」と。また、宇宙科学研究所の方から、「今後、微細な試料を持ち帰る惑星探査計画が次々とある」と聞かされ興味を持ち、探査機が得てくるサンプルの研究に切り換えようと決めたんです。

スターダスト探査機の微粒子の提供を受けた日本チームは、まず中村さんらが大阪大学の土山《つちやま》

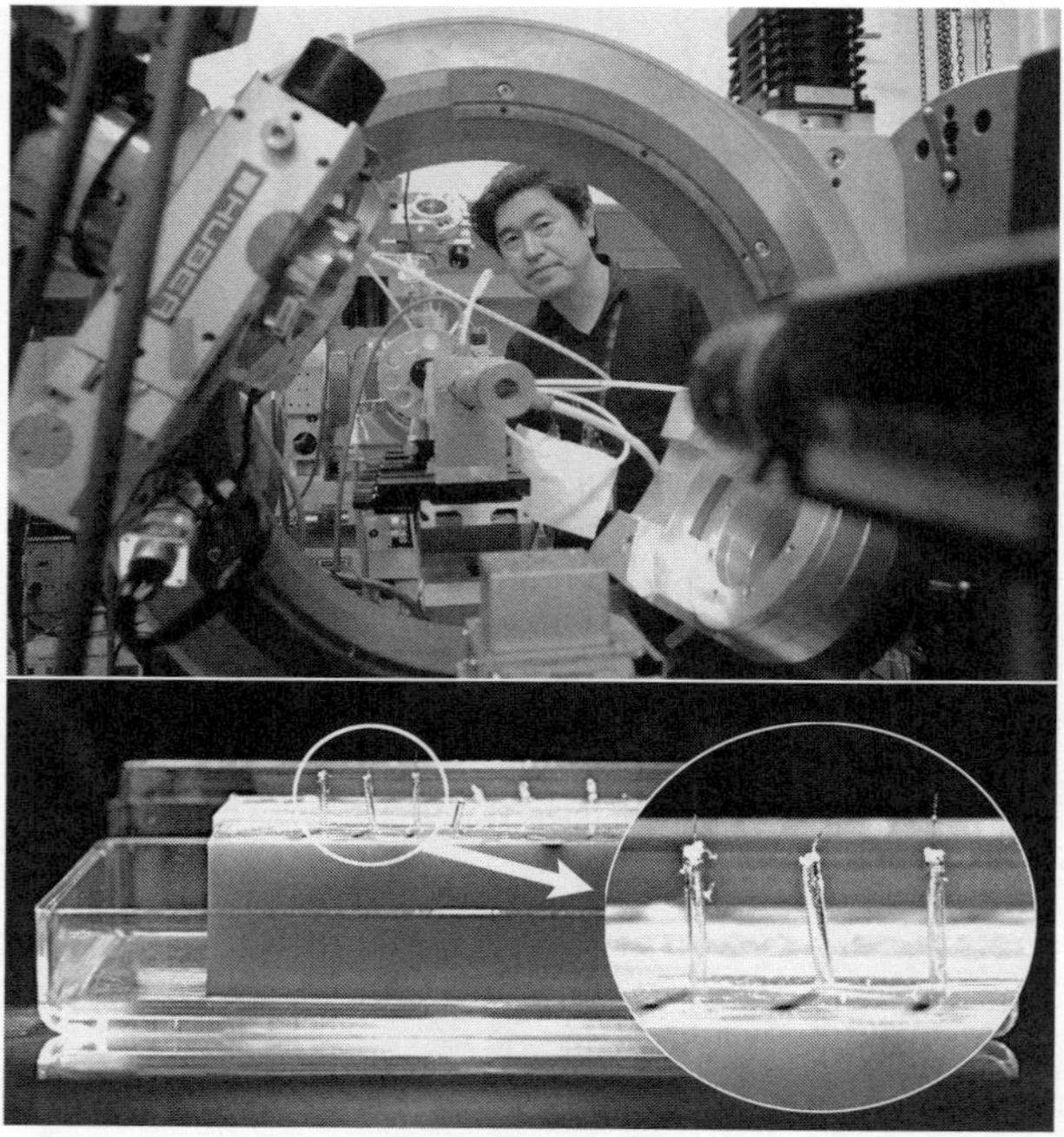

Fig3.1　KEK-PFで宇宙塵分析をする中村智樹さん（上）と、放射光分析のため炭素繊維の先端に接着固定された宇宙塵〈写真・山根一眞〉

明さん（現・京都大学大学院地球惑星科学専攻教授）たちと、つくば市のKEK－PF（高エネルギー加速器研究機構フォトンファクトリー）や兵庫県佐用町の「SPring－8」（理化学研究所大型放射光施設）の放射光を使った非破壊分析によって、この宇宙塵を構成する鉱物や内部の三次元構造を描き、さらに特定した鉱物について放射光によるX線回折や放射光マイクロトモグラフィー（X線CT）によって鉱物の立体像を得ている。日本には、SPring－8のように1ミクロンの微小物質でも解析できる世界「ナンバー1」の施設があり、それによる分析の経験が豊富であったからこそと特筆しておきたい。野口さんはそのあと、走査型電子顕微鏡を使い微粒子に含まれる鉱物の解析を担当したが、こういうチームワークによって、その起源や歴史的な経緯が解き明かされてきたのである。

この一連の宇宙塵の解析で明らかにされたことはとても多いが、「スターダスト探査機により回収された短周期彗星81P／ビルド2のコンドリュール」（中村智樹ほか『サイエンス』2008年）によれば、そのキーとなる成果は「コンドリュール」と呼ぶ物質を見出したことだった。

地球に落下してくる隕石の大半は微小な「球」の粒を含んでいる。それをコンドリュールと呼ぶ。コンドリュールは、およそ1500℃の超高温に熱せられた直径1ミリメートル以下の液滴状態のケイ酸塩（二酸化ケイ素や金属の酸化物からなる塩、石英はそのひとつ）が急激に冷却されてできたとされているが、それがあることから惑星が作られた時の初期状態がわかるのだという。

太陽のような恒星の誕生時には、星の周囲に濃いガスと塵が円盤状に取り巻いており、そこから地球のような惑星が作られていった（原始惑星系円盤）。その太陽系の誕生時の物質とされる隕石（小惑星物質）にコンドリュールが含まれていることは、原始惑星系円盤の内側領域ではケイ酸塩を溶かすほどの高温状態が起こっていたからだと考えられてきた。

中村さんらは、スターダスト探査機が持ち帰った彗星塵60粒のうち、コンドリュールの一部を含むサンプルを6粒発見。その6粒を詳細に分析した結果、微粒子に含まれる鉱物が約1450℃以上に加熱されて溶けたことなどを見出した。また、酸素同位体比などからコンドリュールの前駆物質の情報やどんな温度条件で円盤ガスと反応し作られていったかを推定し、初期太陽系の「歴史物語」を解き明かしているのである。その「歴史物語」とは、初期の太陽系では、原始惑星系円盤内側領域で作られたコンドリュールがなぜか太陽系の外周部へと運ばれた時代があったというものだ。この大規模な物質循環の発見は、世界から大きな評価を受けている。

太陽系が誕生して45億年だが、中村さんによれば、こういうダイナミックなできごとは最初の1000万年に起こったと考えられているという。目に見えないほど小さな粉粒ひとつからダイナミックな太陽系誕生直後の物語が読み出せることには驚くが、それと同じような歴史物語の解読が「はやぶさ」の微粒子にも期待されていたのだ。

論文に踊るタコ社長

ヴィルト第2彗星の宇宙塵には、「C2054, 0, 35, 6」「C2054, 11, 35, 1」といった正式名称がつけられているが、中村さんや野口さんらの論文では、「C2054, 0, 35, 6」は「Torajiro」、「C2054, 11, 35, 1」は「Tako-shacho」のような名称が記されていることに気づいた。この「トラジロウ」、「タコ－シャチョウ」という名を読んで「まさか⁉」と思ったのだが、中村さんに問い合わせたところ以下の回答が届いた。

「宇宙塵では、好きな名前をつけることが受け入れられています。隕石は違います（こちらはきちんと名称や番号があります）。宇宙塵もちゃんとした番号が当然あるわけですが、自由な名が受け入れられているのは、ひとつの研究で宇宙塵をいくつも扱うので、番号だと覚えにくく、最悪、間違って取り扱う可能性があるからです。したがって、自分で覚えやすい名前（あだ名というべきか）をつけて、論文にもそのまま使ったんです」

中村さんらが分析したヴィルト第2彗星の宇宙塵は6粒のみではなくさらに多く、それらのすべてに同様のニックネームをつけたのだという（下の括弧内は名の由来）。

Torajiro　　寅次郎（『男はつらいよ』の主人公）
Sakura　　さくら（寅次郎の妹）

Gozen-sama　御前さま（柴又帝釈天・題経寺の住職）
Tako-shacho　タコ社長（とらやの裏の印刷工場の社長）
Lilly　リリー（浅丘ルリ子演じる寅次郎のマドンナ）
Utako　歌子（吉永小百合演じる寅次郎のマドンナ）
Kirin-do　麒麟堂（柴又商店街の店主）
Ringo-ya　りんご屋（柴又商店街の店主）
Gen-chan　源ちゃん（御前様の寺男）

「僕は『男はつらいよ』が好きなので、スターダスト粒子にアルファベットでその登場人物の名前を付けちゃいました。これら命名の由来を日本の科学者は知っていますが、海外では一部しか知らないと思います。海外の研究者もそれぞれ独自の名前を付けていますよ」（中村さん）

スターダスト探査機も「はやぶさ」と同じく7年間もの長い宇宙フライトを続け、カプセルを地球に届けた。戻ってきたのは葛飾柴又帝釈天ではなかったが、中村さんはその旅も、寅次郎の旅鴉《がらす》に通じると感じていたのかもしれない。

「トラジロウ」や「ゴゼン-サマ」の解析結果をまとめた論文には、その解析手法のプロセスを描いた図が掲載されていた。

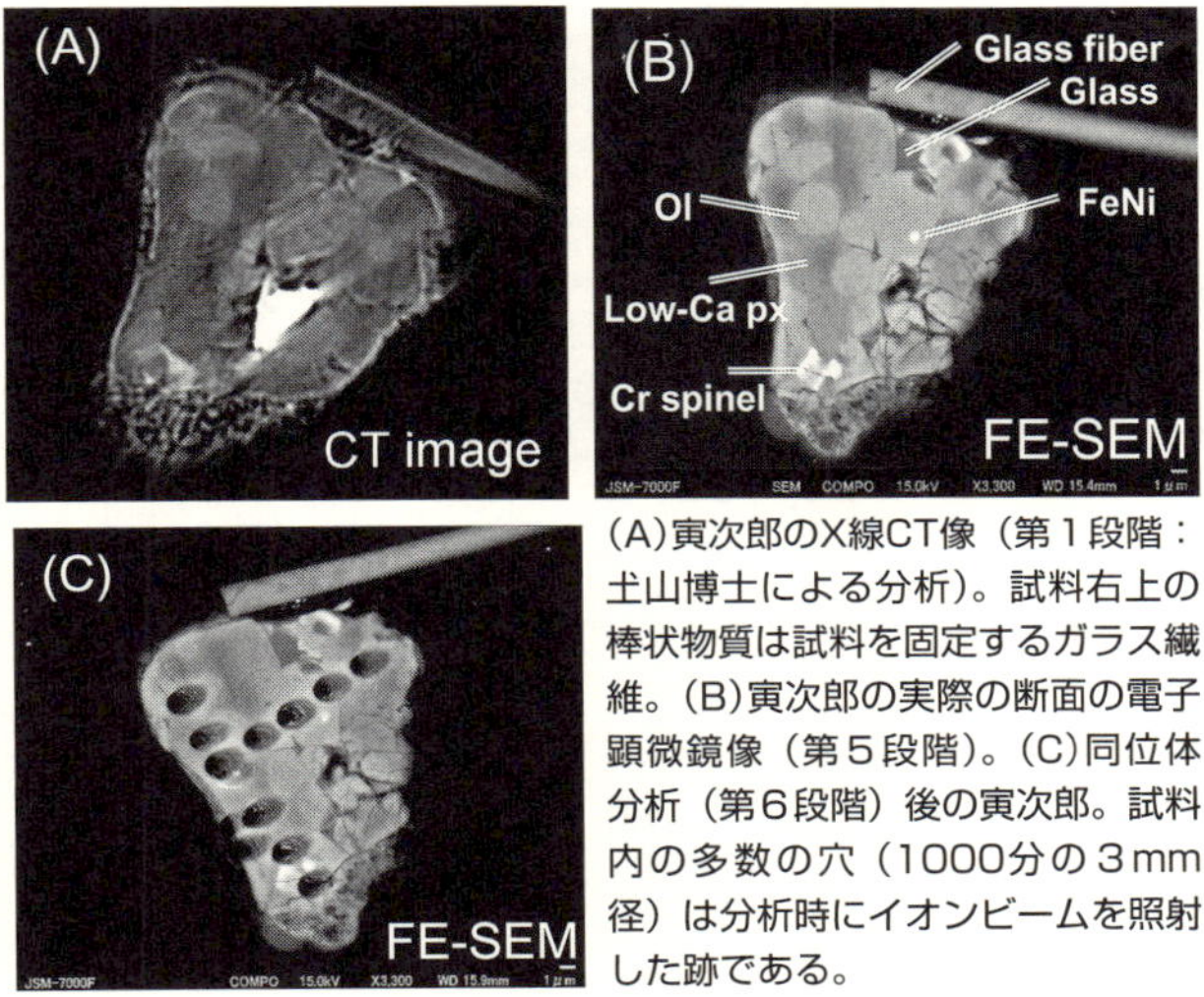

(A)寅次郎のX線CT像（第１段階：土山博士による分析）。試料右上の棒状物質は試料を固定するガラス繊維。(B)寅次郎の実際の断面の電子顕微鏡像（第５段階）。(C)同位体分析（第６段階）後の寅次郎。試料内の多数の穴（1000分の３mm径）は分析時にイオンビームを照射した跡である。

Fig3.2　Torajiroの電子顕微鏡およびX線CT写真〈東北大学・中村智樹氏提供〉

（第1段階）放射光によるX線分析（X線解析、X線CT）

（第2段階）エポキシ樹脂への埋め込み

（第3段階）試料切断（ウルトラマイクロトーム）

（第4段階）透過型電子顕微鏡による観察

（第5段階）走査型電子顕微鏡による観察

（第6段階）同位体分析（二次イオン質量分析計）

この図には見覚えがあった。中村さんは2011年5月に獨協大学で行った講演で「はやぶさ」の微粒子の解析の手順を説明した際、これとまったく同じ図を見せてくれていた。つまり、スターダスト探査機が持ち帰った十数ミクロンという微粒子を分析してきた技術があったからこそ、中村さんや野口さんは同じ手法で「はやぶさ」の微粒子を手際よく扱い（あまりの数の多さに体力の限界だったというが）、また分析を進めることができたのである。

イトカワの宝石

その技術について野口さんにさらに聞く。

山根　「はやぶさ」の微粒子を見て特別に感じたことはありますか？

野口　実体顕微鏡で見ていたんですが、不思議なことに慣れるにしたがって小さい粒が次第に大きく見えるようになりました。そのため、「イトカワ」のサンプルで０・３ミリ（３００ミクロン）という最大のサイズのものを見た時には、大きな岩を見たように感じましたよ。

山根　サンプルキャッチャーをコンコンと叩いたら肉眼で見えるほど大きな粒子が落ちてきた、というあれですか？

野口　そうです。それまでは50ミクロン前後だったので、いきなり6倍のものが出てきたわけですから。しかも、きれいな色をしていました。地球の大気（酸素）に触れていないため、二価の鉄を含む鉱物が酸化を起こしておらず、ものすごく透明。まるで宝石のようにキラキラしているんです。鉱物としては地球でも珍しくないカンラン石ですが、地球で見るカンラン石よりも圧倒的に透明で美しく輝いていました。

山根　「はやぶさ」がそれほど美しい宝石を持ち帰ってくれていたとは！　それにしても「イトカワ」の微粒子をひとつひとつ拾い出すには時間がかかりましたね。

野口　1日に十数個が限界です。走査型電子顕微鏡で見ながらマニピュレーターで拾い出せば楽なんですが、相模原のキュレーション施設にはその設備がないんです。その装置は九州大学にもあり一般的なものなんですが、「イトカワ」のサンプル分析で、まさかこれほど小さな微粒子を扱うとは考えていなかったからでしょう。

山根　ところで中村さんから、「イトカワ」の微粒子の分析では、中村さんの分析のあと野口さんが肉眼では見ることもできない十数ミクロンという粉粒をさらに細かく切り出して、100枚もの薄片を作り観察したと聞きました。

野口　マイクロトーム（ミクロトームとも言う）という装置を使い顕微鏡観察用の薄片を作る方法です。

山根　生命科学の分野で、細胞の内部を観察するために行っている方法と同じ？

野口　同じです。このマイクロトームで岩石の微粒子から薄片を作る技術に、1990年代から取り組んできたんです。茨城大学に勤務していた時代、なかなか留学させてもらえなかったのでやむなく日本で独自開発をしたわけです。

マイクロトームは「鰹節削り器」のようなもので、ダイヤモンドの刃で試料を薄切りにしていくんですが、軟らかい試料から薄片を作るのは難しい。しかし幸いなことに、茨城大学の研究室から近い東海村の日本原子力研究所（現・日本原子力開発機構）に、粘土の粉をマイクロトームで切っている専門家がいた。そこで訪ねたところ、「君がその手法を開発したいなら装置を貸してあげましょう」と言ってくれたので、週に1回、4年間（およそ200回）通って技術を磨き、軟らかいサンプルでも切ることができるようになりました。それができる研究者はアメリカに数人はいましたが、日本では僕が初めてでした。

山根　すばらしい！　その方法で、薄片はどれくらいまで薄くできますか？

野口　0・1ミクロン以下です。

山根　1万分の1ミリメートルより薄い！　そんな「イトカワの薄造り」を作ってきたなんて「宇宙料理の鉄人」だ。

野口　「イトカワ」のサンプルでは、まず日本の研究者である我々が初期分析をしたあと、僕がそうやって作成した薄片を世界中の研究者に提供したわけです。薄片を作ることで電子顕微鏡などでの分析がしやすいこと、また1粒の微粒子をより多くの研究者に提供できるという利点もあるわけです。

山根　1万分の1ミリメートルより薄い薄片をどうやって保存し、また持ち運ぶんですか？

野口　通常は超純水の上に浮かせておきますが、「イトカワ」のサンプルの場合は酸化（錆び）してしまうといけないので、脱水したエチレングリコール（不凍液と同じ）を使っています。

町工場育ち

スターダスト探査機の微粒子（彗星塵）は平均サイズが5ミクロン。それを取り出し、整理（キュレーション）の後、マイクロトームによる薄片を作る作業は、「イトカワ」の微粒子よりも厳しい作業だったようだ。この一連の作業を担ったのは、NASAジョンソン宇宙センター地球外物質探査研究科学部門の中村圭子さんという日本人なのである。日本人ならではの手先の器用さが、スターダスト探査機でも「はやぶさ」でも発揮されたのだ。

「はやぶさ」の微粒子の分析は、先のスターダストの微粒子同様、6段階で進めている。第1段階の放射光によるX線分析では、微粒子を直径0・6ミリメートルのガラス管に通した太さ5ミクロンの炭素繊維の先にエポキシ樹脂で固定して行う。これは中村智樹さんらが担当。この分析が終わると、その微粒子は野口さんにバトンタッチされ薄造りへと進む。

野口　中村さんが分析した微粒子にはオタマジャクシの尾のように炭素繊維がついていますが、その接着部分は位置情報として大事なのでつけたまま横に寝かせ水平にしたうえで、シャープペンシルの先ほどの「台地」の上に載せます。そして、同じエポキシ樹脂の液滴に微粒子をくるむように埋め込みます。こういう作業はすべて手作業、フリーハンドで行います。樹脂が固まれば、あとは樹脂で固定されたままの微粒子を連続して薄く切っていくわけです。

山根　使っているマイクロトームはどのメーカー製ですか?

野口　僕が使っているのは非常に古いもので、オーストリア・ウィーンのライヘルト社製です。このメーカーは後にライカに買収され現在はないんですが。ダイヤモンドの刃はスイスのダイアトーム社のものを使っています。どの会社の刃を使うか、刃の角度は何度がベストか、刃に向かって試料を下ろしていく速度や力、切るために刃を進ませるペースなど非常に多くの条件設定が難しく、4年かけてやっとそのノウハウを見出したわけです。

山根　野口さんがいなければ「はやぶさ」が持ち帰った「イトカワ」のサンプルの試料作りはできなかった?

野口　「はい」と言うと怒られそうですが、そうです。もっとも一部のサンプルは切っている時間がなくなったので、途中から磨いて面を出す方法も行っています。その作業のために中村智樹さんの研究室の学生を特訓しましたが、若い人は覚えるのが早いですね。

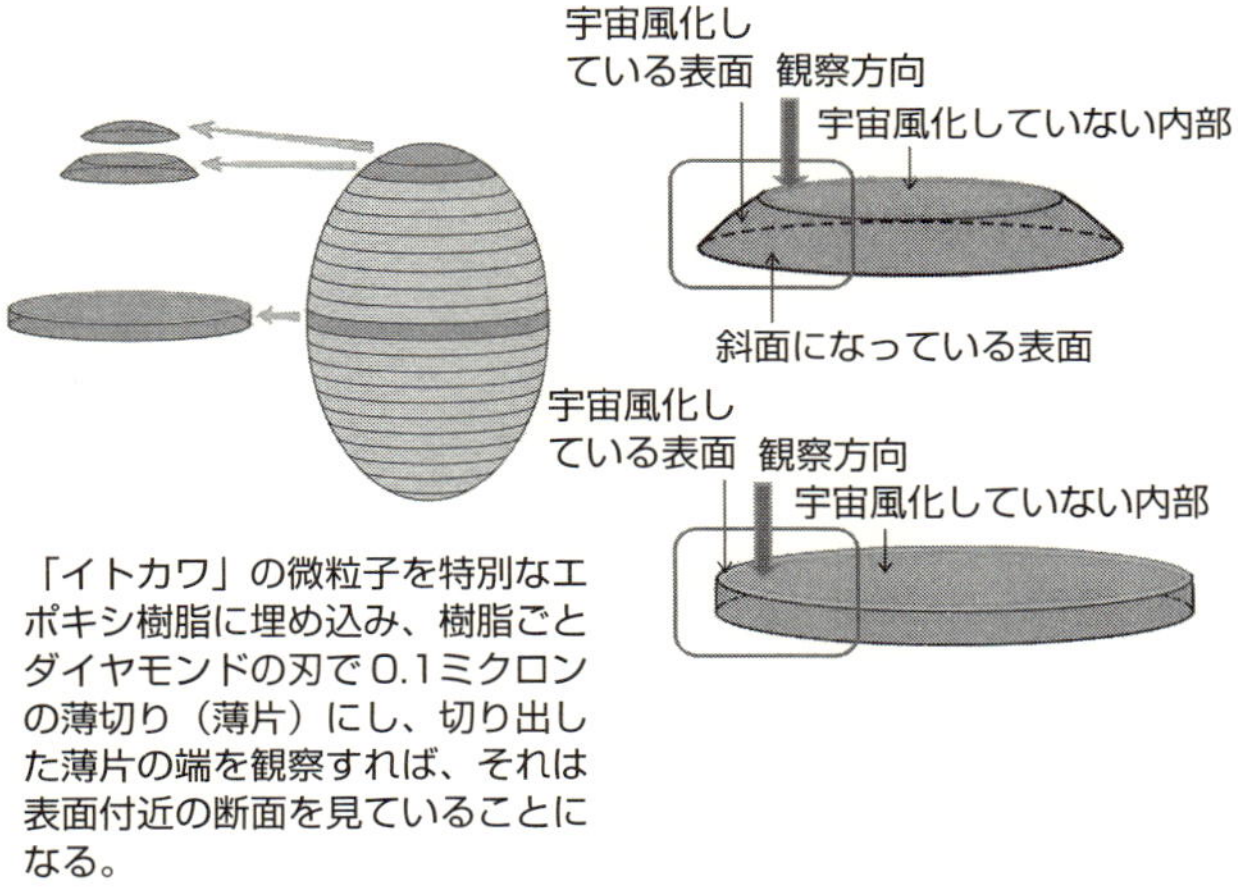

「イトカワ」の微粒子を特別なエポキシ樹脂に埋め込み、樹脂ごとダイヤモンドの刃で0.1ミクロンの薄切り（薄片）にし、切り出した薄片の端を観察すれば、それは表面付近の断面を見ていることになる。

Fig3.3 「イトカワ」微粒子の試料作り〈九州大学・野口高明氏提供〉

「はやぶさ」の微粒子の薄造りは、野口さんが工夫し自作した小道具なども揃っている茨城大学で行ったが、その野口さんの手先の器用さ、ものつくりのセンスは、父親ゆずりのようだ。

野口さんは東京・大田区の大森に生まれたが、大田区はおよそ4000もの町工場があるものつくりの町。野口さんの生家も両親と職人からなる小さな町工場で、ガラスびん製造機械の部品の一部を作っていた。子ども時代からものつくりを見て学んでいたのだ。野口さんのような「ものつくり」の技を持つ研究者が日本にいなかったなら、せっかく「イトカワ」から持ち帰ったサンプルの分析（そのために必要な加工）は、アメリカにまかせるしかなかっただろう。

JAXA・宇宙科学研究所が野口さんや中村さ

んの応援を求めたのは当然のことだった。

スパイ大作戦

２０１０年11月16日、カプセル内の微粒子は「イトカワ」由来だったという劇的な記者会見のあと、微粒子の本格的な初期分析が始まった。

中村智樹さん　２０１０年12月から２０１１年1月中旬まで約50日をかけてキュレーション施設で初期分析用に約50粒の微粒子をピックアップし、約40粒を国内の研究者に提供。最後にわれわれも初期分析にとりかかったんです。

山根　サンプルは人類が初めて手にした地球外物質で、月の石に続く超貴重品。全国の研究者のもとに運ぶだけでも緊張したでしょう?

中村　じつは、私自身、宇宙研の外で微粒子を受け取る緊張の経験をしました。

山根　いつ、どこで?

中村　２０１１年の1月20日です。藤村先生が宇宙研から密かにサンプルを持ち出し、新幹線の新横浜駅ホームで待っていた。私は仙台から東北新幹線で東京駅へ。東海道新幹線に乗り換えて新横浜駅で下車し、次の新幹線に乗るまでの11分の間に藤村先生から緊張の思いで受け取ったんです。もう、それは「スパイ大作戦」でしたよ。

「スパイ大作戦」とは、アメリカで1966年から7年間にわたり放映されたテレビドラマで、日本でも人気が高く、DVDも売られている。スパイの巧みな技術が見せどころだったが、「イトカワ」の微粒子の運搬、手渡しはそれを彷彿とさせるものだったのだ。微粒子は窒素ガスで満たした「サンプルホルダー」と呼ぶ実験容器に入れ、専用のケースにおさめて手で提げて運ぶ（らしい）。新幹線の場合は目立たないようグリーン車を避け、空いている自由席を選び、2人の研究者がA席とC席に座り、間のB席にその鞄を置く（ようだ）。混雑してきた場合はB席を譲り、さりげなくケースを足許に置く（のだとか）。詳細はセキュリティ上、非公開のままだ。

山根　次の新幹線でどこへ？

中村　山陽新幹線の相生駅で下車。ここからクルマで30分のSPring-8で、放射光のX線を使ったCT三次元観察を1月21日から5日間行いました。大阪大学大学院（当時）の土山明さんの実験に、私と中村・土山両研究室の学生も参加して。学生の参加は教育的な効果も大きく、彼らが「はやぶさ2」の帰還後に私たちのような科学者に育ってくれることへの期待もありました。ここでの分析が26日に終わり、28日からはつくば市の高エネルギー加速器研究機構にサンプルを持って行き、ここの放射光で微粒子に含まれている結晶の種類などを特定するX線回折実験を行っています。

つくば市へと向かう途上、サンプルを携えた中村さんと大学院生の2人は台東区浅草の浅草寺に寄り、「明日からの分析がうまくいきますように」と祈願をした。「はやぶさ」の地球帰還を前にプロジェクトマネージャーの川口淳一郎さんは、浅草寺に近い飛不動尊正寶院（台東区竜泉）や中和《ちゅうか》神社（岡山県真庭市蒜山）に参拝している。「出来る限りのあらゆる努力はした。あとは人間にできることは神様に祈ることだけだ」（川口さん）という理由による。中村さんの祈願も、同じ思いだったろう。

中村　高エネルギー加速器研究機構の放射光施設、KEK-PFでは、「イトカワ」の微粒子を炭素繊維の先端につけたうえで真空の装置内にセット。大学院生がX線カメラを設置して放射光（X線）を照射するんですが、非常に緊張しましたね。この放射光の実験は24時間態勢だったので、2交替から3交替で続けたんです。NASAの研究者も手伝いに来てくれましたよ。

山根　KEK-PFでの実験はいつまで？

中村　2月3日ですから1週間かかっています。その後、再度、2月6日から10日まで兵庫県の

SPring-8でデータを得て、2月11日に茨城大学へ飛び野口さんの研究室でマイクロトームによって薄片を作り、12日から2週間は九州大学で電子顕微鏡を用いて微粒子の内部構造を詳しく観察・記録を続けました。「イトカワ」の微粒子の分析をさらに続ければ、太陽系の小惑星がどのように誕生し進化してきたかという「はやぶさ」ミッションの本来の目的に確実にたどりつけるという手応えを感じましたよ。

慌ただしい分析

「イトカワ」は、小惑星帯の太陽に近い位置に多く、主成分が岩石質である「S型」小惑星だった。中村さんらはその微粒子の初期分析によって、これまで地球で発見されてきた隕石「普通コンドライト」の由来がS型小惑星であることを裏づけた。これは、大きな成果だった。これまで蓄積されてきた普通コンドライトの隕石の研究成果が、S型小惑星の誕生、それを通じての太陽系の歴史解明につながる道をひらいたことになるからだ。

だが、「イトカワ」では分からないことがある。地球は生命の惑星であり、その生命が、生命の材料が、太陽系の進化の中でどのように作られていったかは、S型小惑星ではわからないのだ。それを知るためには、生命の材料である有機物や含水鉱物を多く含むとされる「C型」小惑星のサンプルを得て分析する必要がある。C型小惑星は小惑星帯では最も多い小惑星だが、太陽

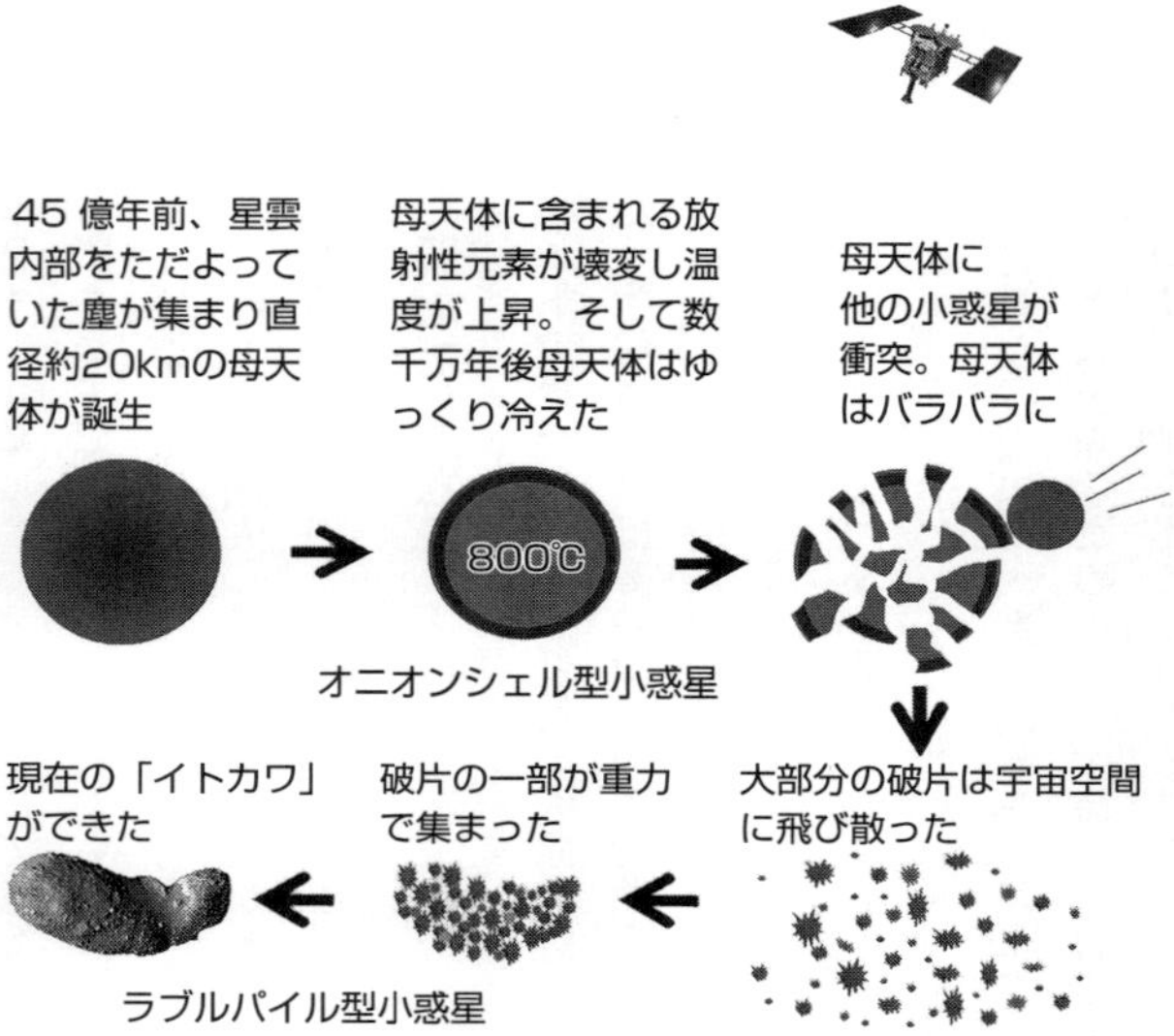
45 億年前、星雲内部をただよっていた塵が集まり直径約20kmの母天体が誕生
母天体に含まれる放射性元素が壊変し温度が上昇。そして数千万年後母天体はゆっくり冷えた
母天体に他の小惑星が衝突。母天体はバラバラに
800℃
オニオンシェル型小惑星
大部分の破片は宇宙空間に飛び散った
破片の一部が重力で集まった
現在の「イトカワ」ができた
ラブルパイル型小惑星

Fig3.4　サンプルの解析でわかった「イトカワ」誕生の経緯
〈東北大学・中村智樹氏の図をもとに著者が再構成〉

からは遠い距離にあることなどから、地球に降ってくる隕石（炭素質コンドライト）としては、S型小惑星由来の隕石と比べてきわめて数が少ない。

「イトカワ」の微粒子の初期分析の成果を手にした科学チームは、S型小惑星に続きC型小惑星のサンプルリターンへの思いを募らせた。つまり、それを目指す「はやぶさ2」への期待だ。また小惑星には「S型」「C型」のほかに、さらに原始的な天体とされる「P型」や「D型」など、謎に満ちた小惑星があることもわかっている。「イトカワ」の微粒子の分析で成果をあげたことは、「はやぶさ2」にとどまらず、異なるタイプの小惑星へのさらなるサンプルリターンに取り組むべき日本のロードマップが見えてきたことも意味しているのである。

山根　それにしても、初期分析を、どうしてそれほど慌ただしく進める必要があったんですか？

中村　世界各国から集まる太陽系や惑星の研究者に、初めて「はやぶさ」の成果を伝える月惑星科学会議が近づいていたからです。

日本人科学者たちによる「イトカワ」の微粒子の初期分析の成果は、科学誌『サイエンス』の2011年8月26日特別編集号に6本の論文として掲載されたが、それに先立って「はやぶさ」の科学者チームは「第42回月惑星科学会議」で初期分析の中間発表を行ったのである。その晴れ舞台の様子や内容は新聞やテレビのトップニュースに値するものだったが、日本ではまったく報じられることはなかった。

晴れ舞台

3月7日、「第42回月惑星科学会議」は、テキサス州ヒューストン市の中心部からおよそ45キロメートル北、人口およそ11万人の小都市、ザ・ウッドランズ市で始まった。会場はウッドランズ・ウォーターウェイ・マリオット・ホテル＆コンベンションセンターで、会期は5日間だ。

野口高明（茨城大）他

イトカワ塵粒子の表面に観察された初期宇宙風化

微粒子のごく表面付近を特別な電子顕微鏡で観察した結果、宇宙風化によって作られた特有の元素を含む鉄に富む超微粒子の存在が確認された。これは宇宙風化の直接的証拠であり、LLコンドライトが宇宙風化を受けると、S型スペクトルを持つようになることが明らかにされた。

長尾敬介（東京大）他

はやぶさ試料の希ガスからわかった、イトカワ表層物質の太陽風および宇宙線照射の歴史

微粒子に含まれる太陽風起源希ガス（ヘリウム、ネオン、アルゴン）の分析結果により、これら粒子がイトカワ表層起源であることを証明した。粒子が最表面に露出して太陽風に曝された期間は数百年から数千年である。一方、高エネルギー銀河宇宙線照射の影響は検出限界以下であることから、イトカワ表層物質が100万年に数十センチメートル以上の割合で宇宙空間に失われつつあることがわかった。

中村智樹（東北大）他

小惑星イトカワの微粒子：Ｓ型小惑星と普通コンドライト隕石を直接結び付ける物的証拠

詳細な鉱物学的研究の結果、小惑星イトカワはLL4～6コンドライト隕石に類似した物質でできていることが判明した。同時にイトカワの起源と形成過程に関する重要な知見が得られた。イトカワの母天体の大きさは現在の10倍以上と考えられ、中心部分の温度は約800℃まで上昇、その後、ゆっくりと冷えた。その後、大きな衝突現象が起き、再集積したのが現在のイトカワになった。

圦本尚義（北海道大）他

はやぶさ計画によりイトカワから回収された小惑星物質の酸素同位体組成

酸素同位体組成分析により、分析した微粒子は地球とは異なる同位体比を持つことがわかり、地球外物質であることが明らかになった。この分析により、Ｓ型小惑星イトカワが、地球に落下する隕石の一種である平衡普通コンドライトのLLまたはLグループの供給源のひとつである証拠が得られた。

海老原充（首都大学東京）他

小惑星イトカワから回収された粒子の中性子放射化分析

中性子放射化分析の結果、重要な元素の含有量が求められ、太陽系最初期に起きた元素の分別過程を保存していることが判明した。

土山明（大阪大）他

はやぶさサンプルの３次元構造：イトカワレゴリスの起源と進化

Ｘ線マイクロＣＴにより分析した微粒子の３次元外形は小さな重力しか持たない小惑星のレゴリスの特徴を有しており、レゴリス粒子の起源や進化が読み取れること、また、内部構造と構成鉱物の比率から、LL5あるいはLL6コンドライトに類似した物質であることがわかった。

Fig3.5　サイエンス誌の掲載論文の概要〈JAXAの「まとめ」による〉

特別セッションとして用意された「はやぶさの成果！」（SPECIAL SESSION：RESULTS FROM HAYABUSA!）は、4日目の午前8時30分、中村さんと在米の惑星科学者、廣井孝弘さん（ボストンにあるブラウン大学上級研究員、「はやぶさ」では近赤外分光器チームに参加）の2人が議長席に座り始まった。口頭発表はそれぞれ15分ずつと短かったが、午前11時45分までに13のテーマで発表が行われた。

山根　会場での反応はどうでした？

中村　「おめでとう！」「日本はよくやった！」と賞賛されましたが、皆さん、宇宙研のキュレーション施設が非常によく機能して、サンプルが汚されずきれいな状態で保管されていることにも驚いていましたよ。

この「第42回月惑星科学会議」では野口さんも成果を発表した。

野口　僕が行ったのは電子顕微鏡よる観察と分析ですが、微粒子の中身はどうなっているのか、また表面がどう変化しているかの2つを知ることが目的でした。成果のひとつは、望遠鏡（分光計）での観測で明らかになっていた小惑星の化学組成の意味を、実際のサンプルの分析と組み合わせることで深めることができたことです。

山根　どういうことですか？

野口　２０００年頃からアメリカで小惑星の分光分析を続けてきたチームが、スペクトルの分析から小惑星の表面にナノサイズの鉄が存在しているらしいことを明らかにしていたんです。一方、私たちが「イトカワ」の微粒子を電子顕微鏡で観察したところ、その「鉄」がナノサイズの金属鉄だけでなく、ナノサイズの硫化鉄（硫黄を含む鉄の化合物）もあることがわかった。硫化鉄のナノ粒子があるなんて、だれも想像していなかったため、月惑星科学会議では「そんなことがあるのか!?」と、驚かれましたよ。このように実際の物質で得た成果と、スペクトル分析で得られたデータが関連づけられたことで、スペクトル分析結果の解釈がよりよくなったと思います。

また、さまざまな物質が長期間宇宙空間にさらされるとどうなるか、それを「宇宙風化」と呼んでいますが、それも初めて物質レベルで明らかにすることができました。その成果によって、これまでの隕石の分析で見逃していた、太陽系誕生初期の放射線による「宇宙風化」について、新しい知見が出てくる可能性もあるんです。

この月惑星科学会議には、藤村さんを初め「はやぶさ」や「イトカワ」のチームおよそ20人が参加した。現地メディアの関心も高く、日本チームは大きな達成感を味わった。２０１０年6月13日の「はやぶさ」の地球帰還、11月16日の「イトカワ」由来の微粒子確認発表に続き、この会議は「はやぶさプロジェクト」にとって第３のマイルストーンとなった。

震撼するライブ映像

夜、およそ20人の日本チームは、市内の日本料理店に集い祝杯をあげた。「はやぶさ」の地球帰還から２７０日目に迎えた3番目のゴール、至福の一日が終わった。

それぞれ深夜の０時前後にはホテルの自室に戻ったが、しばらくしてテレビのスイッチを入れたところ、信じがたい日本発のライブ映像が流れ始めた。それは、東北地方太平洋沖地震による津波が仙台市に押し寄せている中継映像だった。

中村　慌てました、家族を仙台の自宅に残していましたから。

山根　すぐに帰国しようにも成田空港は機能していなかったでしょう?

中村　そうです。翌日の便への予約変更はできたが、やっと帰国便に乗れたのは翌々日でした。

山根　成田空港に帰国してからは?

中村　東京の友人に空港までクルマを持って来てもらい、そのクルマを借りて仙台に向かったんです。東北自動車道は通行できず、また福島第一原発の原子力災害による放射能が広がっているというので新潟、山形経由で、自宅へは一泊二日で14～15時間はかかりました。幸い津波は自宅までは到達していなかったんですが、家の中はメチャクチャでした。大学も分析機械などが多く壊れ、修理・復旧にはずいぶん時間がかかりましたね。

ちなみに野口さんの茨城大学での被災も大きく、研究室の多くの設備がメチャクチャに壊れ、なかなか地震前と同じような研究に復帰できなかった。「人生にリセットをかけようか」とすら思ったという。

「イトカワ」の微粒子の科学分析成果の世界への発表という「はやぶさ」ミッションの大きな節目が日本でまったく報道されず、その後も大きく伝えられなかったのは、未曾有の大災害と重なったからだった。仙台市の東北大学に戻った中村さんは、繰り返し襲う余震の中で「イトカワ」微粒子の分析結果をまとめ、『サイエンス』に投稿、「はやぶさ」のサンプル分析結果を大きくとりあげた8月26日特別編集号に、他の研究チームによる5本の論文とともに掲載することができたのだった。

中村さんは、この論文でとりあげた微粒子に、東日本大震災で大きな被害を受けた町の名、Onagawa（女川）、Ishinomaki（石巻）、Shiogama（塩竈）、Kesen-numa（気仙沼）、

Matsushima（松島）などをつけたのだが、論文を審査するレフェリー（査読者）から、「日本の地名は長くてわかりにくい」と言われ、実現しなかったこと。

「はやぶさ」が続けた長い旅は、「カプセル」という「鞄」を地球に届けた後も続き、「はやぶさ2」という新たな旅へとつながっていったのである。

第4章

「はやぶさ2」遥かなる旅路

種子島でリフトオフ

「はやぶさ2」は2014年11月30日、13時24分48秒にH－ⅡAロケット26号機で、打ち上げられる（2014年11月初頭での予定）。打ち上げ場所は、鹿児島県、種子島の南端にあるJAXA・種子島宇宙センターで、ここは太平洋に面し美しい白砂の海岸もあることから世界で最も美しいロケット打ち上げ場と言われている。打ち上げはロケットの製造元でもある三菱重工の「打上げ輸送サービス」によるもので、JAXAは打ち上げ安全監理のみを担う。H－ⅡAロケットの製造、打ち上げは民間ビジネスなのである。

「はやぶさ2」は、双翼の太陽電池パドルを折り畳んだ状態でH－ⅡAロケットの最先端、第2段ロケットの上端に固定されている。打ち上げ時には、空気抵抗を軽減するための鉛筆キャップのようなカバー、直径4メートル、長さ12メートルの「衛星フェアリング」（4S型）で覆われ、守られている。「はやぶさ2」の太陽電池パドルをのぞいた本体の大きさは、約1×1・6×1・25メートル。容積は2立方メートルちょうどだ。「はやぶさ2」の前身、「はやぶさ」は約1・76立方メートルだったので12パーセントだけ大きい。

H－ⅡAロケット26号機には、小型の衛星3基も搭載される。九州工業大学の「しんえん2」（約15キログラム）、多摩美術大学の「アートサット・ツー・デスパッチ」（約30キログラム）、東京大学とJAXAの共同研究衛星「プロキオン」（約59キログラム）だ。H－ⅡAロケットでは、「打ち上げ能力に余裕がある」場合に、このような「小型副ペイロード」が搭載されることが多い。

H－ⅡAロケット26号機は直径4メートルで高さは53メートル、東京で最も高いビル、ミッドタウン・タワーが54階、248・1メートルなので、このビルなら11・5階に相当する。衛星をのぞいた燃料込みの重量は286トン。大型バスの重量はおよそ10トンなので、町中を走るバス28台分のモノが飛び立ち宇宙へ向かうのである。初めて大型ロケットの打ち上げを見た時には、まるで高いビルがいきなり浮き上がったような思いにとらわれ、同時に凄まじい轟音と空気の振動を全身に受けて唖然としたことが忘れられない。「はやぶさ2」もそんな感動を打ち上げを見守る人々に与えながら上昇していくだろう。

きわめて重いロケットは、できるだけ身軽に上昇、飛行を続ける必要から、第1段ロケットが燃焼を終えた（燃料を使い切った）段階で使用済みで不要となった第1段部分を切り離して捨て、身軽になった上で第2段部分でさらに飛行、上昇をする（「はやぶさ」を打ち上げたM－Ⅴ－5は3段ロケットにさらに小さな1段を追加していた）。

「はやぶさ2」を打ち上げるH－ⅡAロケット26号機には、打ち上げのパワーを増強するため第1段ロケットの下部に2本の固体燃料ロケット（SRB＝ソリッド・ロケット・ブースター）も

Fig4.1　H-ⅡAロケット１号機の打ち上げの様子〈写真・山根一眞〉

装着している（固体ロケットモータと呼ぶことも多い）。ＳＲＢは全長15メートル、外径が２・５メートル、２本合わせた重量は１５１トンだ。ＳＲＢは大型の花火のようなもので固体燃料が合計１３０トン詰めてある。主成分は過塩素酸アンモニウムとアルミニウムの粉末だが、この２種のつなぎとしてゴムの一種、末端水酸基ポリブタジエンを使っている。主エンジンと違いＳＲＢは燃料に着火すれば即ガスが噴射するので構造はメーンエンジンほどは複雑ではない（その代わり一度着火すると燃焼を止められないが）。ＳＲＢは単体でもロケットとして使うことができるほど大きなパワーをもつ。２０１３年９月14日に鹿児島県の内之浦宇宙空間観測所から打ち上げられたイプシロンロケットの第１段ロケットは、Ｈ－ⅡＡロケットのＳＲＢを使っているのである（ＳＲＢ－Ａ３型）。ちなみに、Ｈ－ⅡＡロケットは三菱重工製だが、ＳＲＢはＩＨＩエアロスペースが製造を担当している。

このような補助ロケットを使うのは、搭載する衛星や探査機の重量、打ち上げ高度の違いによって求められる推力が異なるからでもある。その必要な推力に応じて主エンジンや燃料搭載量を変えることなく、ＳＲＢの本数で調整できる利点がある。

Ｈ-ⅡＡロケットは４トンの衛星を「静止遷移軌道」へ運ぶ能力を持っている。

静止遷移軌道とは、静止軌道（赤道上空３万６０００キロメートル）と、低軌道（おもに２５０～５００キロメートル）をつなぐ軌道で、ロケットによってここに投入された衛星は、自力で搭載推進薬を使い静止軌道へ軌道変更を行うことができる。ちなみに「静止軌道」とは、地球から月への距離のほぼ10分の１の位置で、地球の自転と同じ周期で地球を周回する軌道だ。地球からは見かけ上、静止しているように見えるためこの名がある。静止遷移軌道へ投入された４トンの衛星は、静止軌道へと軌道変更をしたのち、２トンの静止衛星となる。

Ｈ-ⅡＡロケットはＳＲＢを４本に増強すればさらに重い衛星の打ち上げも可能だ。２００６年12月に打ち上げられたＨ-ⅡＡロケット11号機（技術試験衛星「きく８号」を搭載）はＳＲＢ４本を装着、「はやぶさ２」のほぼ10基分に相当する５・８トンの衛星を静止遷移軌道へと運んでいるが、「はやぶさ２」は異なる軌道へと向かう。

打ち上げ後、ＳＲＢはメーンエンジンとともに一気にロケットを上昇させ、Ｈ-ⅡＡロケット

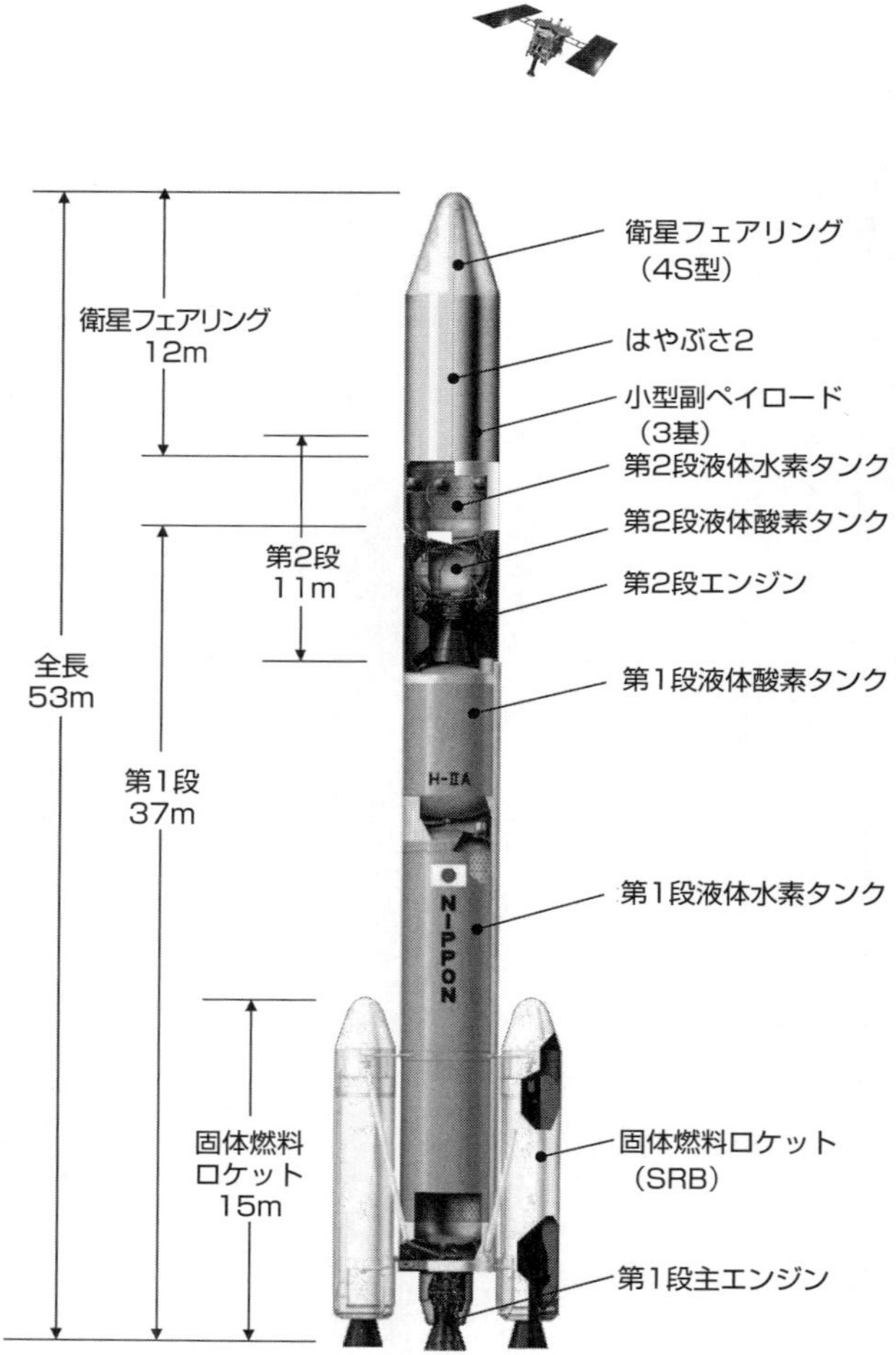

Fig4.2 「はやぶさ2」を打ち上げるH-ⅡAロケット26号機
〈資料提供・MHI/JAXA〉

26号機では秒速1・6キロメートル（時速5760キロメートル）に達する1分39秒後に燃料を使い切る。その9秒後、高度53キロメートルから空になった2つの筒を分離し太平洋へと落下させる。JAXAの打ち上げ中継で「SRB分離！」というアナウンスとともに、天候がよければ煙を引きながら落下していく2本の細長い筒を見ることも多い。

このSRBの分離から2分22秒後、高度137キロメートルで貝合わせのように閉じていた「衛星フェアリング」の継ぎ目を固定していた数多くのボルトが火工品（火薬）によって一気に吹き飛ばされ、「衛星フェアリング」は2つに割れてロケットから離れて落下していく。「はやぶさ2」は打ち上げから4分10秒後、こうして早々と宇宙空間にさらされた状態でさらに航行、高度を上げていく。

ロケットと地球を1周

H－ⅡAロケットは2段式ロケットで、いわば2つのロケットを積み重ねた構造をしており、それぞれにエンジンと2つの燃料タンクがある。

第1段ロケットは外径が4メートル、長さが37メートルで質量は114トン。燃料は液体水素と液体酸素で合計101トン搭載している。水素と酸素の2つが混合され、すさまじいパワーで燃焼室に噴射し着火、大爆発によるガスがラッパ型のノズルスカートから噴射、継続して推力を

得る。この燃料の噴射は超高速で回転するターボポンプが担う。このターボポンプの回転数は1分間に4万回転以上で、地上最強のクルマ、F1カーのエンジンの最高回転数（1万8000回転／分）をはるかに上回る。このエンジンは「液体エンジン」「液酸液水エンジン」と呼ぶこともあるが、かつてのスペースシャトルも同じ「液酸液水エンジン」だった。

第1段ロケットは、101トンもの燃料をエンジン（LE－7A）でわずか6分36秒で使いきり燃焼を停止する。町で見かけるガソリンタンクローリーは20トンが中心なので、その5台分もの燃料をたった6分弱で燃焼し尽くす計算だ。燃焼停止の8秒後、燃料が空になりお役ご免となった第1段ロケットは、高度207キロメートルからエンジンとともに太平洋へと落下していく。このあとの推進は第2段ロケットにバトンタッチだ。

第1段ロケット分離の6秒後、第2段ロケットに着火、水素と酸素が燃焼室に噴射を開始する。第2段は外径は4メートルと同じだが、第1段よりサイズが小さく、長さは11メートル、重量は20トン、燃料も17トンのみだ。着火時の高度はすでに210キロメートルに達している。第2段ロケットにはLE－5Bという少し小型のエンジンが搭載されているが、着火から4分28秒後に一度、燃焼を停止する。その場所は、日本とハワイを結ぶ線の3分の1ほど日本寄りの位置だ。

このあとH－ⅡAロケットは、第2段ロケットのみでエンジンを止めたまま時速2万8080

キロメートルを維持した慣性飛行を1時間28分5秒も続ける。頭に探査機を載せたまま寸詰まりの2段ロケットが飛行する姿はだれも見たことがない。飛行を続けている状態を近くから追いかけ続けて撮影したことはないからだ（見てみたい）。

エンジンを止めたままの第2段ロケットは、慣性飛行によって高度を上げながら太平洋を横断し南米のチリ上空を通過、さらに大西洋、アフリカ上空を横切り、アラビア半島の南端をかすめ、インド、中国上空をぬけて再び日本列島近くの上空へと戻ってくる。そして、宮古島に近い高度250キロメートルで再びエンジンに着火する。

宇宙へ出たロケットが一度エンジンを停止し再び着火するのはきわめて高度な技術とされてきた。初めてH-ⅡAロケットがそのエンジンの停止、再着火をすると聞いた時にはかなり心配した。極低温環境の宇宙空間を長時間飛行しエンジンが冷え切ったあとに再着火しなければならないからだが、LE-5Bエンジンは再着火のみならず再再着火能力を持っている。三菱重工の高い技術力ゆえだ。

第2段エンジンの第2回燃焼は4分1秒間のみだが、これでいよいよ「はやぶさ2」は予定の位置、高度のスタートラインに着く。

第2段ロケットの頭でじっと出番を待っていた「はやぶさ2」はエンジン停止の3分51秒後、探査機を固定していたボルトを火工品で切断し、分離される。この分離時に第2段ロケットはす

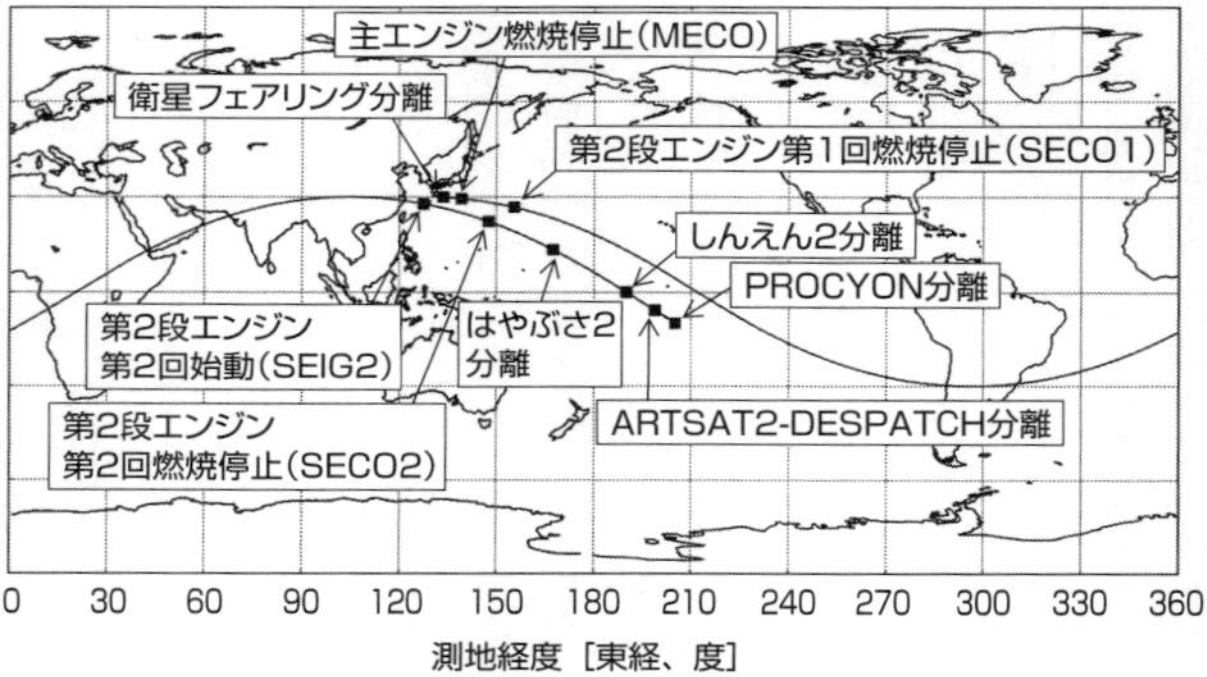

「はやぶさ2」打ち上げシーケンス

事象	打ち上げ後経過時間			高度	慣性速度
	時	分	秒	km	km/s
1 リフトオフ		0	0	0	0.4
2 固体ロケットブースタ　燃焼終了※		1	39	46	1.6
3 固体ロケットブースタ　分離※※		1	48	53	1.6
4 衛星フェアリング分離		4	10	137	2.8
5 第1段主エンジン燃焼停止（MECO）		6	36	202	5.6
6 第1段・第2段分離		6	44	207	5.6
7 第2段エンジン第1回始動（SEIG1）		6	50	210	5.6
8 第2段エンジン第1回燃焼停止（SECO1）		11	18	254	7.8
9 第2段エンジン第2回始動（SEIG2）	1	39	23	250	7.8
10 第2段エンジン第2回燃焼停止（SECO2）	1	43	24	313	11.8
11 はやぶさ2分離	1	47	15	889	11.4
12 しんえん2分離	1	53	55	2867	10.4
13 ARTSAT2-DESPATCH分離	1	58	5	4418	9.7
14 PROCYON分離	2	2	15	6068	9.2

※）燃焼室圧最大値の2%時点

※※）スラスト・ストラット切断

Fig4.3　H-ⅡAロケット26号機の飛行経路とシーケンス（時間表）

〈JAXA・三菱重工の資料より〉

でに時速4万1040キロメートルに達しているが（慣性速度）、分離した「はやぶさ2」はその速度をもらって飛行を続ける。

そこは、日本とハワイの中程の少し南の上空、高度889キロメートル（水平距離なら新幹線で東京から新岩国と徳山の中間に相当）の地点だ。「はやぶさ2」は、種子島で打ち上げられてから地球を1周以上飛行したのち、打ち上げから1時間47分15秒後、計画通りであれば15時12分3秒にこの時を迎える。

ここで拍手が出るのが常だが、あわててはいけない。ロケットから分離された「はやぶさ2」は、折り畳んでいた両翼の太陽電池パドルを展開し太陽エネルギーによる電源を確保、それが確認できて初めて新たな小惑星への大航海のスタートを切るからだ。

ロケットの履歴

「はやぶさ2」を宇宙へと運ぶH－ⅡAロケットは、日本の悲願、純国産のロケットとして開発されたH－Ⅱロケットの後継機だ。前身のH－Ⅱロケットは2トン級の静止衛星を打ち上げる能力をもつ2段ロケットだった。宇宙開発事業団（NASDA、2003年発足のJAXAに統合）と三菱重工が開発・製造を担い、日本の基幹ロケットとしてデビューした。100パーセント「メード・イン・ジャパン」のこの大型ロケットは日本が到達した技術力の証でもあり、私はその第1号機の打ち上げ前から取材を開始し、開発リーダーであり、日本のロケットの父と呼ばれる五代富文さん（後にＮＡＳＤＡ副理事長、日本航空宇宙学会会長、日本ロケット協会会長、国際宇宙航行連盟会長などを歴任）から多くのことを学ばせてもらってきた。そして、１９９４年2月4日、種子島宇宙センターの竹崎観望台で、3日遅れで迎えたその試験機第1号の打ち上げを見守った。打ち上げの直前、警戒海域に貨物船が侵入したためカウントダウンが止まるアクシデントがあったものの、Ｈ－Ⅱロケットは20分遅れの午前7時20分、からだの芯まで届く轟音をあげて朝焼けの空の彼方へと吸い込まれていった。私は竹崎観望台で、はからずもバンザイをしてしまったが、その写真が残っている。

このＨ－Ⅱロケット1号機は、軌道再突入実験機ＯＲＥＸ（後に「りゅうせい」と命名）を軌道上で分離することにも成功したが、この実験機で得られたデータや経験が「はやぶさ」の地球帰還カプセル、そして「はやぶさ2」のカプセルにつながっている。

Ｈ－Ⅱロケットは製造した8機中7機が打ち上げられたが、1機が失敗（「指令破壊」によって自爆）、1機が一部トラブルを起こしている。そこで、さらに信頼性の向上を目指して開発されたのが、後継機、Ｈ－ⅡＡロケットなのである。Ｈ－Ⅱロケット8号機の失敗後、日本のロケット関係者は大きな失意を味わっていたが、２００１年8月29日に打ち上げられた新生Ｈ－ⅡＡロケット1号機は見事な成功をおさめた。その日、Ｈ－Ⅱロケット1号機と同じ竹崎観望台でその打ち上げを見た私は、H－Ⅱロケット1号機の時を上回る感動を味わったことが忘れられない。

このH－ⅡAロケットは2014年10月7日に打ち上げた25号機（気象衛星「ひまわり8号」）で成功率は96パーセントになった。また、国際宇宙ステーションへ物資を輸送する無人宇宙貨物船「こうのとり」の打ち上げにすでに4回使われたH－ⅡBロケット（H－ⅡAロケットの増強型）の成功率は100パーセントだ。H－ⅡAロケット、H－ⅡBロケットを合わせると打ち上げは23回連続成功となり、H－ⅡAロケットは世界トップレベルの水準に達していることを物語る。「はやぶさ2」は、その高い実績の上に打ち上げを迎えることになる。

余裕がない理由

ところで「はやぶさ」は、2003年5月9日、当時の宇宙科学研究所・鹿児島宇宙空間観測所（現・JAXA内之浦宇宙空間観測所）からM－Vロケット5号機で打ち上げられている。M－V－5は全長が30・8メートル。H－ⅡAロケットを身長170センチメートルの大人とすると背の高さはほぼ4歳児（約100センチメートル）に相当する。直径もM－V－5は2・5メートルでH－ⅡAロケットの4メートルよりひとまわりもふたまわりも小さく、総重量（140・4トン）もH－ⅡAロケットのほぼ半分だ。

このM－Vロケットは3段の固体燃料ロケットで、宇宙科学研究所が日産自動車宇宙航空事業部（後のIHIエアロスペース）と開発、1997年から2006年までに7機が打ち上げられたが（1機は失敗）、2006年に開発が中止され、後継機イプシロンロケットへと世代交代が行われている。

このようにM－V－5ロケットとH－ⅡAロケットは子供と大人ほどの違いがある一方で、「はやぶさ2」は「はやぶさ」と比べて燃料込みの重量が510キログラムから約600キログラムとわずかに重くなったにすぎないため、種子島でのH－ⅡAロケットでの「はやぶさ2」の打ち上げは大きな余裕があるように思えるが、それは違うのだという。「はやぶさ2」のミッションマネージャー、吉川真さんに聞いた。

吉川真さん（よしかわ・まこと）

1962年、栃木県栃木市生まれ。東京大学大学院理学系研究科で天文学を学ぶ。大学院生および研究員として国立天文台で通算6年間、小惑星の軌道計算などの研究を行った経験をもつ。1991年から通信総合研究所（現・情報通信研究機構）で人工衛星やスペースデブリ（宇宙のごみ）の軌道などの研究に携わる。「はやぶさ」の計画が動き出したあとの1998年に宇宙科学研究所に異動し、天体力学、小惑星の軌道解析、人工衛星や惑星探査機の軌道決定、スペースガードの研究などを続けてきた。「はやぶさ」では軌道決定およびサイエンス担当として川口淳一郎プロジェクトマネージャーを支え、「はやぶさ2」ではミッションマネージャーをつとめる。宇宙機応用工学研究系准教授。理学博士。

山根　「はやぶさ2」はHⅡ-Aロケットで打ち上げるので大きな余裕があると思っていました。

吉川　意外かもしれませんがあまり余裕はないんです。HⅡ-Aは地球を周回する人工衛星の打ち上げには優れていますが、惑星探査機ではあまり能力を発揮できないんです。静止衛星や低軌道へ重い衛星を打ち上げることが目的で開発したロケットだからです。それらの衛星を静止軌道、地球の重力と釣り合った状態で地球を周回する軌道への投入には、衛星分離時に秒速7・9キロメートル（時速2万8400キロメートル）の速度があれば目的を果たせます（第1宇宙速度）。

一方、惑星探査機は地球の重力をより大きく振り切らなければならないためその速度では足りず、地球周回衛星と比べてはるかに大きな速度、秒速11・2キロメートル（時速4万300キロメートル）以上が必要です（第2宇宙速度）。この速度を得るには2段式ロケットよりも3段式が望ましい。1段、2段、3段と、どんどん加速していく必要があるからです。M-Vロケットは3段ですが「はやぶさ」の打ち上げでは1段追加して4段としていたのもそのためでした。

山根　「はやぶさ2」の打ち上げ前にH-ⅡAロケット25号機で打ち上げた気象衛星「ひまわり8号」は、打ち上げ時の重量が3・5トンでした。それと比べれば「はやぶさ2」は6分の1近い小粒なので、楽々かと思っていました。

吉川　地球の重力圏から大きく離脱するためにはかなりのパワーが必要なので、今回用いるH-ⅡAロケットでは探査機の重量はせいぜい1・4トンが限界でしょう。ただし、打ち上げる軌道によってはこの重量はずっと減ってしまいます。

山根　「ひまわり8号」は種子島宇宙センターから打ち上げた後、およそ28分後に第2段ロケットから分離しています。その場所は、南米のチリにも達していない東太平洋上の上空263キロメートルでした。一方、「はやぶさ2」は地球をひと回り以上航行し、やっと1時間47分後に分離です。分離まで4倍近い時間が必要なのは、そのため？

吉川　違います。第2段ロケットで一気に加速すれば分離に必要な速度は得られます。そうしなかったのは別の理由、地上局との通信が関係しているんですよ。一気に加速する打ち上げだと、今回の軌道では、ロケットから探査機を分離してから地上局と通信ができるまで少し待たなければならなかったんです。しかし、探査機を分離したらすぐにでも通信をしたい、そのために分離の時刻を遅らせたんです。

山根　「はやぶさ」は機器のトラブルが多かったので「はやぶさ2」ではバックアップ機能などをふんだんに搭載し重量も増すために、大型のH－ⅡAロケットで打ち上げるのかと思っていました。なのに、ほとんど重量が変わらないままなのが不思議でした。

吉川　「はやぶさ」と比べて「はやぶさ2」をさほど大型にできなかったのは、この地球離脱の問題のほかに、あまり重くすると目的の小惑星への到達ができなくなることも理由です。「はやぶさ2」も「はやぶさ」に搭載されたものとほぼ同じ能力のイオンエンジンを使いますが、重量が増すと負担が大きくパワー不足となってしまう。「はやぶさ」のイオンエンジンの推進力は「1円玉ひとつを動かすくらい」でしたが、「はやぶさ2」ではパワーを若干大きくしたとはいうものの、もともと小さいパワーですから。

山根　M－Vロケットの後継として、種子島ではなく大隅半島から打ち上げるイプシロンロケットがデビューしましたが、イプシロンは使えなかったんですか？

吉川　イプシロンは非常に優れたロケットですが、小型の科学衛星しか上げられず「はやぶさ2」のような惑星探査機の打ち上げはできないんです。惑星探査ということを考えるとM－Vロケットが探査機には向いていたんですが、M－Vロケットはコスト高などの理由から国の方針で廃止となってしまいました。「イプシロンで上げられる小型の探査機を作ればよい」という意見もありますが、小型の探査機ではできることが限られ、トラブルを回避するための搭載機器も減らさなくてはならないため、それは難しい話なんですよ。

山根　イプシロンロケットの「増強型」を開発しては？

吉川　それは考えられています。それでもぎりぎり「はやぶさ」程度の規模の探査機までで、より大型の探査機やより遠方に行く惑星探査機では難しいでしょう。

山根　となると、今後も惑星探査機はＨ-ⅡＡロケット頼み？

吉川　ということになりますが、Ｈ-ⅡＡロケットはコストが高いので打ち上げの頻度が少なくなってしまうかもしれません。国は宇宙関連予算を毎年大きく減らしていることもありますから。

山根　この数年の日本の宇宙関連予算の削減はきわめて厳しいので心配です。ところで、アメリカ、ＮＡＳＡの惑星探査機の規模は？

吉川　「トン」クラスです。例えばＮＡＳＡは２０１６年に小惑星のサンプルリターンを目的とする「オシリス・レックス」（OSIRIS REx＝Origins, Spectral Interpretation, Resource Identification, Security, Regolith Explorer）という探査機を「アトラスＶロケット」で打ち上げますが、重量はおよそ１・５トン、「はやぶさ２」の２・５倍です。「サンプルリターンを目指す探査機は１トン以上」というのは常識なんですよ。

山根　となれば、いっそ、より大型の探査機をつくり、アメリカやロシアのロケットで打ち上げるという手もある。

吉川　「はやぶさ2」の計画を検討していた初期の段階ではその意見もあり、実際、ESA（欧州宇宙機関）のアリアンロケットの利用について欧州と話をしているんです。しかしH－ⅡAロケットの利用はいわば国策ですから……。

1万個にひとつの目的地

厳しい宇宙予算のなかで、「はやぶさ2」はどう立案計画され、「はやぶさ」からどう進化したのか。「はやぶさ2」の打ち上げまでの歩みをふり返っておこう。

山根　吉川先生に「はやぶさ」の後継機について初めて伺ったのは「はやぶさ」帰還の数年前でした。私の手元に残っている「『はやぶさ後継機』提案書、第1・3版」（2006年10月26日、月惑星探査推進チーム編）には、すでに「はやぶさ2」という名が記してあります。

吉川　「はやぶさ2」の計画が立ち上がったのは2006年（平成18年）です。これは、いわば「はやぶさ」のリベンジ（雪辱、再挑戦）です。「はやぶさ」は小惑星「イトカワ」に到達しましたが、トラブルが続きました。最も手痛かったのが、予定通りのサンプリングができなかったことです。「はやぶさ」は小さな弾丸を撃ち出して小惑星の表面に衝突させ、舞いあがってくる砂粒を回収する予定でしたが、弾丸が発射されなかった。さらに燃料漏れ、通信途絶によって地球帰還も危ぶまれました。その後、運用は復活しましたが、何よりも一番の目的だった「サンプル採取」を失敗のまま終わらせるわけにはいかなかったため、「はやぶさ2」で再挑戦する計画を作ったんです。

山根　小惑星に到達するだけでも大変なことなのに、降下、着地、離陸という人類初の経験をした。その経験を手にしたチームによって、「サンプル採取」を再挑戦すべきだ、と?

吉川　そうです。ただし、時間がないので「はやぶさ」でトラブルを起こした部分のみを改良した探査機を作り、装置も運用も同じで挑もうとしたのが２００６年段階での計画です。

山根　その打ち上げはいつに設定?

吉川　２０１０年か２０１１年でした。しかし、その後、数年にわたり国からはわずかな研究費のみで予算が出なかったため、時間的に打ち上げが間に合わなくなってしまったんです。

山根　ターゲットは「イトカワ」?

吉川　いや、今回「はやぶさ2」が向かう小惑星と同じ「１９９９ ＪＵ３」です。「イトカワ」は「S型」の小惑星だったので、2度目の挑戦なら「C型」だと。そこで、到達可能なC型の小惑星を探し「１９９９ ＪＵ３」に決めました。「はやぶさ」も「はやぶさ2」も小型の探査機で加速する能力が小さいため、地球から往復できる小惑星は限られます。「行く」だけであれば候補は増えますが、帰還もしなくてはいけないので。確かに小惑星は観測できるサイズのものだけでも60万個はありますが、その大半は火星の軌道の外側の「小惑星帯」に集中しています。しかし、「はやぶさ」も「はやぶさ2」にも、残念ながらその小惑星帯を往復する能力はないんです。

一方、小惑星には、地球の近くをかすめるような楕円軌道をとっているものがあり（地球接近小惑星）、「はやぶさ」はそのひとつである「イトカワ」を目指したわけです。この地球接近小惑星はごく小さいものも含めれば1万個はありますが、9割がS型です。そのS型でも「はやぶさ2」が探査可能な小惑星はせいぜい20個、C型となると探査、往復できる対象は「1999 JU3」、1個だけなんですよ。

山根　たったのひとつだけ⁉

吉川　そうです。しかも打ち上げのタイミングがずれてしまえば、次の機会まで待たなければいけません。いつまでも国の予算が出なかったため、「はやぶさ2」が2011年の打ち上げを断念したのはそのためでした。そして、その次のチャンスが2014年冬だったんです。

山根　となると、2014年冬の「はやぶさ2」の打ち上げは待ったなし？

吉川　スケジュールが延びた場合、2015年の打ち上げでも「1999 JU3」への往復は可能ですが、イオンエンジンへの負荷が大きくなるため余裕がなくなるので厳しいですね。

山根　2015年の打ち上げを逃したら？

吉川　次回、地球と小惑星の位置関係が似た状況になるのは2019年ですが、このときの打ち上げでは小惑星に到着したときの探査条件が悪くなります。今回と同じような条件で探査できるのはさらにその数年後で、それまではチャンスがないんです。

不熱心な小惑星探し

太陽系はおよそ46億年前に誕生したと言われている。小惑星は、その46億年の歴史が記された太陽系のロゼッタストーンだが、かつて、天文学の世界では小惑星への関心は薄かったようだ。

> 國によつて學問の傾向の違ふのは避け難い事であるが、英國の天文學者は、日食観測に熱心であつた代り、小惑星の發見には甚だ不熱心であつた。ハインドが前世紀の半に十個發見したのが頂上で、それ以來、本氣にそれを發見しようとした者は一人も無い。問ふ迄も無く其理由は、小さな同じやうな天體を何個發見したところで益が無い。それよりは他の方面に力を盡した方が優るといふのである。

これは、平山清次《ひらやまきよつぐ》著『小惑星』（岩波全書）の「序」の一部だ。平山清次さん（1874〜1

943）は東京帝国大学教授、東京天文台技師をつとめた世界でも名高い小惑星研究者だった。この本で平山さんは、小惑星研究が軽視されていることへの嘆きの言葉を「序」で綴っているのだが、後半にはこういう記述がある。

彗星と小惑星とは依然、太陽系内の謎の天體である。其等の謎が解けない限り太陽系の起源は不明であると言つて良いと思ふ。科學の進歩は眼覺ましいものであるが、それでも猶ほ此種の問題の前途は遼遠である。

この本が出版されたのは昭和10年、およそ80年前だが、すでに「小惑星の謎を解くことが太陽系の起源を解くことだ」と指摘しているのである。「はやぶさ」、そして「はやぶさ2」は、80年前、平山さんが、「その前途は（その解明ができるのは）はるかに遠いことだ」と記したことを成し遂げようとしているのである。「はやぶさ2」が目指す「1999 JU3」は、「キヨツグ」と命名してはどうだろうか（平山清次にちなんだ小惑星（1999）Hirayama 1973 DRがすでにあるため）。

平山清次著の『小惑星』では小惑星の発見史がドラマチックに綴られているので、それを参考にしながら小惑星の発見史をたどっておこう。

17世紀の初め、ドイツの天文学者、ヨハネス・ケプラー（1571〜1630）は、太陽系の惑星を太陽からの平均距離順に並べていくとその間隔が外にいくほど増していくが、火星と木星の間が広すぎることに気づいていた。そこで、火星と木星の間には未発見の惑星がひとつあるはずだが、発見されないのは、その惑星が小さすぎるからだと推測していた。その推測は正しかった。

18世紀の後半になってドイツの天文学者ヨハン・エレルト・ボーデ（1747〜1826、後にベルリン天文台長、星雲M81とM82の発見者でもある）は、太陽と各惑星の平均距離を示す簡単な数列をつくる。これは、ドイツの天文学者、ヨハン・ダニエル・ティティウス（1729〜1796）が1766年に記していたものと同じだったために、後に「ティティウス・ボーデの法則」と呼ばれるようになったのだが、ボーデの功績は、やはり火星と木星の間にあるべき惑星が欠けていることを指摘したことだった。ボーデのその数列によれば、火星と木星の間のほかに、土星の外にも未知の惑星があるはずだった。

1781年、偶然、そのボーデの予測通り土星の外側の惑星、天王星が発見されたことから、ドイツの学会は火星と木星の間にも間違いなく未知の惑星があるはずだとわきたつ。そこで1787年、それを発見するため6人の天文学者からなる「捜索団」を編成し、厳密な観測を開始した。

といっても、小さな惑星は夜空を埋め尽くす遠方の恒星と見分けがつかない。太陽系の惑星を探し出すためには、恒星にはない「運動」をしている星を見出す必要がある。望遠鏡で小さな星、一つ一つを肉眼で数時間見続けて、運動のあるなしを確かめていくのだ。この「捜索団」の編成を発議したドイツの天文学者、フランツ・フォン・ツァハ（１７５４〜１８３２）は、その観測を「警官が犯罪者を検挙する」ことにたとえている。「犯罪者が多数の良民の中に隠れているように、小惑星は数百万の恒星の中に潜んでいるのだ」と。

バラバラになった星

だが、小惑星の最初の発見は、この「捜索団」ではなくイタリアのシシリー島にあるパレルモ天文台のイタリア人天文学者、ジュゼッペ・ピアッツィ（１７４６〜１８２６、「ピアジ」と表記することも多い）によってもたらされた。ピアッツィが取り組んでいたのは小惑星の発見ではなく、全天の星のカタログを作ることだった。ピアッツィは１７８９年から１８１３年までの24年間を費やして７６４６個の恒星を観測し記録している。この星のカタログは日本では「星表」と呼ばれるが、正確を期すために１個の星について数回の観測をする必要があり、ピアッツィは延べ15万以上の星を観測したようだ。

この星の観測のさなかの１８０１年（享和元年）1月1日、牡牛座の一部にある約8等級（肉眼で見える限界、6等級よりはるかに暗い）の小さな星を望遠鏡（子午儀）で見ていたピアッツィは、翌日、その星が少し動いたことに気づく。翌々日の観測でも動いていることを確認する。

そこでピアッツィは、1月24日、この発見について手紙でイタリアとドイツ、フランスの著名な天文学者に報告する。その報告には、その小さな星の1月3日と23日の位置のほかに、1月12日にその星の移動方向が逆方向に転じたことも記してあった。はるか遠方の恒星と違い、太陽を周回している太陽系の惑星は同じく太陽を周回している地球との位置関係や公転速度などの違いから、しばしば見かけ上の移動方向が逆転して見えることが多い。つまり、その星が1月12日に移動方向を逆転したことは、太陽系内の惑星であることを物語っていた。

この報告を受けた天文学者はその小さな星の軌道を計算し、将来の位置を推定した。そして発見からちょうど1年後、ドイツの天文学者によって計算通りの位置にその星が観測できたのだ。最初の小惑星の発見が確定した。

こうして19世紀の最初の年に発見された小惑星第1号には、シシリー島の女神の名をとり「ケレス」と命名された。

後に、火星と木星の間に続々と小惑星が発見されたが、「ひとつの惑星があるはず」と考えられていたのに反して複数の惑星が見つかった理由は、もともとはひとつだった惑星がバラバラになったからだろうと推測された。

「はやぶさ」が持ち帰った小惑星「イトカワ」の微粒子の分析から、中村智樹さんらは、大きな母天体が他の小惑星の衝突によってバラバラになり、後にそれらの破片が集まって「イトカワ」となったことを明らかにした。18～19世紀初頭の天文学者たちが思い描いていた小惑星の成り立ちが「イトカワ」から持ち帰った微粒子という具体的な「モノ」によって裏付けられたことになる。

また、80年前に『小惑星』を出版した平山清次さんは今から96年前の1918年（大正7年）、観測している小惑星の中に似た軌道を持つものがあることを発見、それらはもともとはひとつの小惑星だったが、他の小惑星が衝突してバラバラになったあと同じ軌道をとっているのだと考え、その同じ軌道を持つ小惑星を「族（Family）」と命名した（「平山族・Hirayama families」とも呼ばれる）。これは、小惑星の成り立ちを解明する世界的な成果となった。平山さんが発見した「族」は5つだが、現在までに60を超える「族」が観測されている。

213年前に第1号が発見された小惑星だが、その成り立ちの解明では日本の天文学者の大きな貢献があり、伝統の小惑星研究は今日まで引き継がれているのである。「はやぶさ」のミッションは日本が独自の太陽系探査の対象として小惑星を選んだが、それはおよそ1世紀にわたる日本の小惑星研究の軌道にも重なっている。

負傷者1500人

小惑星の「族」の発見は、小惑星どうしが激しい衝突を繰り返してきた太陽系の歴史を物語る。「イトカワ」の微粒子もその「衝突」の履歴を残していたが、だれもが、星と星が衝突するなど遠い昔の、あるいははるか宇宙の彼方のできごとにすぎないと思うに違いない。だが、そうではないのだ。

「はやぶさ2」の準備が佳境に入っていた2013年2月15日、午前9時20分（現地時間）、モスクワから真東に1500キロメートルの位置にあるロシア連邦のチェリャビンスク市の上空に光り輝くものが飛来した。

チェリャビンスク市はロシア屈指の軍事都市で、人口はおよそ100万人という大都市だが、町にはすさまじい爆発音が響きわたり大きな衝撃波が見舞った。建物のガラス窓が割れ建物内で吹き飛ばされる人もいた。この衝撃波による負傷者は約1500人を数え、被害を受けた建物はおよそ3300棟におよんだ。大きな隕石が上空30キロメートルで大爆発をしながら市の上空を通過したのである。隕石は、このあとチェリャビンスク市郊外70キロメートルのチェバルクリ湖に落下した。

地球には常時隕石が降りそそいでいるが、これほど大きな隕石が人口密集地で目撃され大きな被害をもたらしたことに世界中が驚いた。ロシア科学アカデミーやNASAは、この隕石の大気圏突入前の直径は17メートル、重さはおよそ1万トンだったと推定した。それが、秒速18メートル（時速およそ6万5000キロメートル）で大気圏に突入し大半は大気圏内で燃え尽きたが、重さ10トンほどの残骸が落下したと考えられている。その爆発の威力は広島型原爆の30倍以上だったという報道もあり、人々は隕石落下の怖さを実感した。

この隕石の正体は「小惑星」なのである。星と星の衝突は、小惑星と地球の衝突をも意味しているのである。

80年前に出版された平山清次さんの『小惑星』の巻末には、軌道が確定し番号がつけられた小惑星のリストが掲載されているが、その最後は「1266番」だった。だが、現在ではその番号は40万を超え、仮符号のみがつけられたものを含めればおよそ66万にもなる。大きさが数十メートルという小さいものは数十万、さらに小さいものの数となるとはかり知れない。チェリャビンスク隕石はその未知の小さな小惑星だった。

吉川さんは、「はやぶさ」が到達した「イトカワ」も「はやぶさ2」が目指す「1999 JU3」も、地球に接近するタイプの「地球接近小惑星」だと説明したが、そうならば、将来、「イトカワ」や「1999 JU3」がチェリャビンスク隕石のように地球に衝突する可能性はあるのだろうか。

『アルマゲドン』のウソ

吉川　「地球接近小天体」が地球に衝突する可能性はあります。そのような小惑星や彗星の地球衝突の危機に対応するために１９９６年に設立されたのが、「スペースガード財団（ＳＧＦ）」です。それを受けて日本にもＮＰＯ法人「日本スペースガード協会（ＪＳＧＡ）」が設立されていますが、私もその仕事をしているんですよ。直径10キロメートル級の小惑星が地球に衝突すれば人類滅亡もありえますし、直径１キロメートルでも日本が壊滅する危険性があります。

山根　「イトカワ」は長さ方向が約５３５メートルなので、もし日本列島にヒットすればえらいことに……。実際、６５００万年前、直径が10～15キロメートルの小惑星がユカタン半島に衝突、それによって恐竜など進化を続けてきた地球上の生物の多くが絶滅したとされていますね。衝突時の速度は時速７万２０００キロメートルで、そのエネルギーは広島型原爆の10億倍だった、と。

吉川　「衝突」は地球と小惑星の軌道が交差し、出会い頭にぶつかることで起こるわけですが、大型の小惑星であればかなり早くに接近がわかるでしょう。しかし、チェリャビンスク隕石（小惑星）のように直径が20メートルに満たないものはきわめて数多く、事前に観測するのは非常に大変です。

山根　スペースガードではどれくらいのサイズまでチェックしていますか？

吉川　地上の望遠鏡で数メートルのものをとらえてはいます。「イトカワ」クラスのものもあるので、それが地球に衝突すれば深刻な事態です。もっとも観測さえできれば軌道の計算は可能です。スペースガードでは、ウィーンに事務局がある国連宇宙空間平和利用委員会（ＣＯＰＵＯＳ）で議論がなされてきたのですが、２０１３年12月には国連の総会でもスペースガードについての決議がされているんですよ。

ＣＯＰＵＯＳは議論の結果、クルマの両輪のように2つの組織を作ることにしました。ひとつは観測をするＩＡＷＮ（International Asteroide Warning Network）というグループです。天文学の世界では、観測された小惑星のデータは国際天文学連合のマイナー・プラネット・センターがとりまとめて軌道を計算しているんですが、この機能をさらに強化します。もうひとつがＳＭＰＡＧ（Space Missions Planning Advisory Group）で、これは地球に衝突する危険がある天体を見つけたときにどう回避するかを議論、検討するグループです。

山根　具体的にはどう回避を？　映画『アルマゲドン』では接近する小惑星を原爆で爆破して回避する荒唐無稽なストーリーでしたが？

吉川　それはダメです。ミサイルや原爆で粉々にしてもすべてが地球に衝突しますから。大事なことは軌道を変えることですが、５００メートルもあると難しい。１００メートルなら地球に衝突する30年くらい前に大きな探査機をぶつければ、30年後には軌道のズレが大きくなるので回避できると思いますが。

山根　小惑星に長寿命のイオンエンジンを載せ、吹かせ続けて軌道を変えるのはどうですか?

吉川　その方法でも無理です。小惑星はくるくると自転していますから軌道は変えられないんです。しかし、できるだけ重い宇宙船を建造し、これを小惑星と併走させ続けると、宇宙船と小惑星の間に働く万有引力によって軌道を変えることが可能、というアイデアがあります。これも、衝突回避できるように軌道を変えるには、相手が小さい小惑星でも100年くらいかけないといけないんですがね。

吉川さんは、デスクの上にあった小さな石片を手にとり、見せてくれた。それは、現地調査で入手したチェリャビンスク隕石の破片だった。この隕石は分析によって「イトカワ」と同じS型の小惑星由来の隕石（普通コンドライト・LL5）であることが明らかになっている。「小惑星」は、人類滅亡をもたらすかもしれない「身近な」存在なのだ。また、小惑星の科学的な研究は、人類滅亡を防ぐための取り組みとも重なっているのである。

小惑星「1999 JU3」の軌道

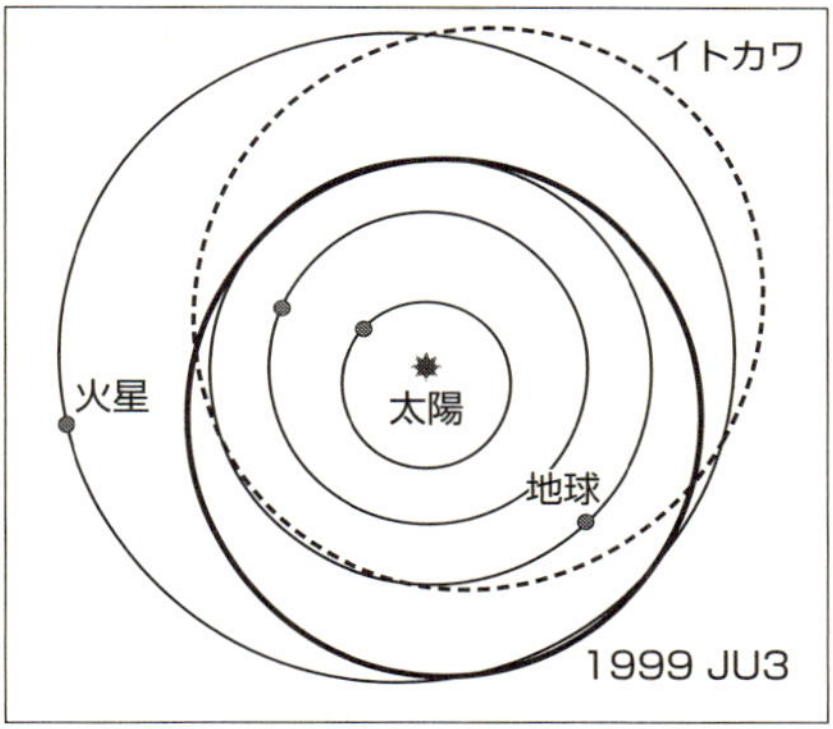

名称	：まだ名前はない
確定番号	：162173
仮符号	：1999 JU3 （1999年5月に発見された小惑星）
大きさ	：約900m
形	：ほぼ球形
自転周期	：約7時間38分
自転軸の向き	：正確な推定が困難
反射率	：0.05（反射率が1に比べて小さい＝黒っぽい）
タイプ	：C型（水・有機物を含む物質があると推定される）
軌道半径	：約1億8000万km
公転周期	：約1.3年

Fig4.4　小惑星「1999 JU3」の軌道と概要
〈JAXA資料より〉

無謀なぶっつけ本番

山根　「はやぶさ2」が目指す「1999 JU3」のようなC型の小惑星はなぜ少ないんですか？

吉川　火星と木星の間の小惑星帯の、とくに太陽から遠いほうではC型がはるかに多いんです。しかし、小惑星帯の内側ではC型小惑星は非常に少なくなります。これは、太陽に近い所では水や有機物は蒸発したり分解されて少なくなってしまい、C型ではなくS型の小惑星が多くなったからと考えられています。そのため、地球に落下してくる隕石ではC型が少ないのだ、と。まだ未解明のことが多いんですが、「はやぶさ2」が目指す「1999 JU3」は、たまたま軌道が変わって地球接近の軌道をとるようになったのだと思います。

山根　NASAも小惑星のサンプルリターンを目指しているようですが。

吉川　先ほどお話しした「オシリス・レックス計画」です。打ち上げは2016年9月で、やはり地球接近小惑星で直径560メートルの「ベンヌ」に到達し、タッチ&ゴーでサンプルを採取し、2023年に地球帰還の予定です。

山根　日本の「はやぶさ」の成功に刺激されての挑戦？

吉川　そうだろうとは思いますが、彼らはそうは言いませんね。「オシリス・レックス」は「は

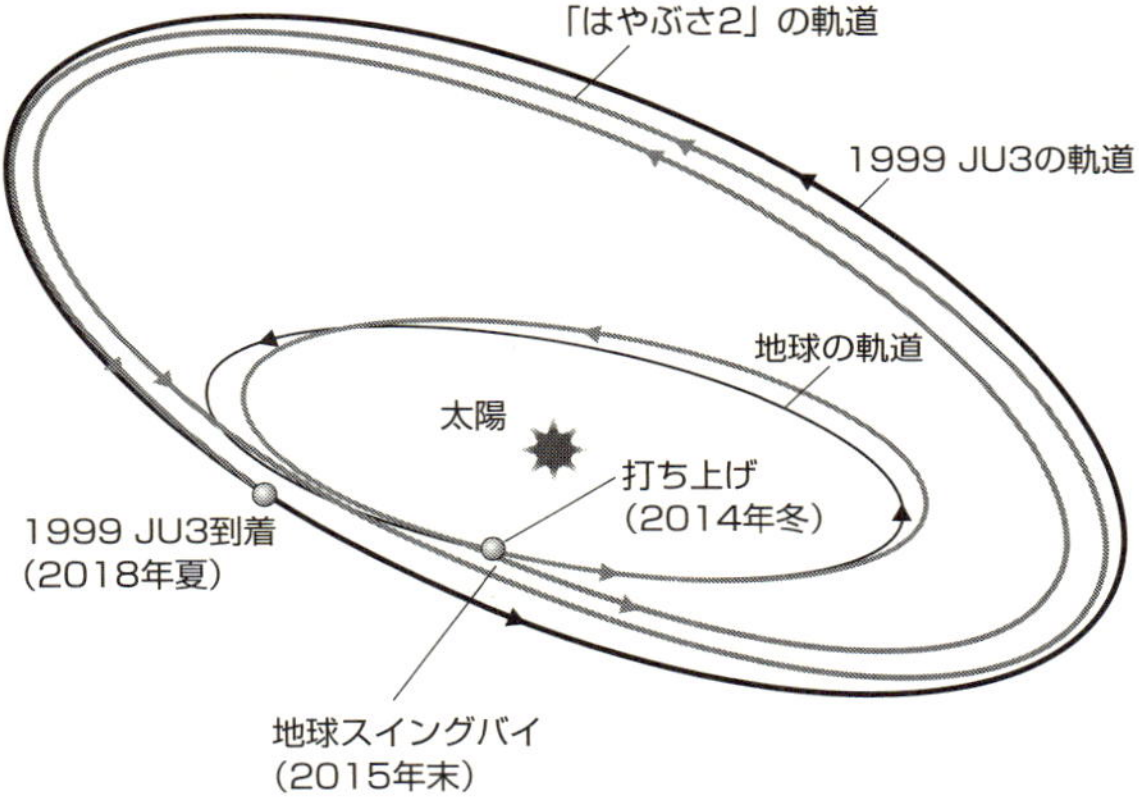

イベント	時期
打ち上げ	2014年冬
地球スイングバイ	2015年11-12月
小惑星到着	2018年6-7月
小惑星出発	2019年11-12月
地球帰還	2020年11-12月

Fig4.5 「はやぶさ2」地球出発から小惑星到達までの軌道
打ち上げ後、地球軌道に近い軌道を描いて飛行し、約1年後に地球に戻りスイングバイを行う。スイングバイによって小惑星「1999 JU3」の軌道に近い軌道に入り、太陽を約2周したあと、小惑星に到着する。小惑星が太陽のまわりを1周あまり公転するあいだ滞在。その後小惑星を離れ、太陽のまわりを1周弱回ったあと地球に帰還する。〈JAXA資料より〉

やぶさ」、「はやぶさ2」に続き小惑星サンプルリターンでは三番手です。

山根　小惑星探査で日本がそこまでNASAに先行するというのは気分がいいな。NASAが1998年に打ち上げた探査機「ディープ・スペース1号（DS1）」は、小惑星「ブライユ」に29キロメートルまで接近したがピンボケ写真しか撮れず、その後目指したウィルソン・ハリントン彗星には到達できず失敗、その後、約2000キロメートルの距離を猛速で通過（フライバイ）したボレリー彗星の写真撮影には成功しました。しかし、「はやぶさ」のように地球に帰還したわけではなく、2001年12月にミッションを終えました。あの「DS1」はどう評価していますか？

吉川　「DS1」は、イオンエンジンの能力を試す探査機ですから、「失敗」ではなく、十分なデータを得たと思います。それは、今後の探査機に大きな貢献をするはずです。日本も本当はそういうことをやりたかったんですが、「イオンエンジンの試験機」というだけでは予算が通らないため、いろいろと付け加えてサンプルリターンまで挑戦したんです。

山根　無謀なぶっつけ本番だった？

吉川　無謀です。本来は、イオンエンジンの実験やサンプル採取の試験、さらにカプセルの大気圏再突入の実験など、ひとつひとつの技術の確証を積み重ねてから「はやぶさ」を「イトカワ」に送り出すべきだったんです。しかし、日本ではそんな予算は出ませんから。

山根　でも、無謀なぶっつけ本番でも微粒子を持ち帰った。

山根　皆さん、あまり触れることがないんですが、「イトカワ」の表面にタッチしたあと、「サンプルキャッチャー」がくるっと回ってくれたのはすごかったと思っているんです。そのおかげで、A室とB室の両方に微粒子を取り込むことができたわけですから。あれは見事でした。

消えた『東方見聞録』

山根　その「はやぶさ」の経験で得たものは大きかったとはいえ、「はやぶさ2」の準備を進めるのは楽ではなかったでしょう？

吉川　大変でした。「はやぶさ2」は、国の予算がつかなかったため2011年、ぎりぎりでも2012年の打ち上げが不可能とわかったのが2008年です。探査機を作るには準備期間が必要ですから、この段階で2011年の打ち上げはできなくなった。そこで「はやぶさ2」の計画を作り直し、次のチャンスである2014年打ち上げに向けた提案をすることになった。計画が遅れたことで時間的な余裕が出たため、「はやぶさ2」は「はやぶさ」のコピーのみではなく、新しい挑戦も盛り込もうとなったんです。

山根　2008年は「はやぶさ」の地球帰還の2年前、必死に航行を続けていた時なので吉川先生も管制室に釘付けだったんでしょう？

吉川　軌道データがちゃんととれているかを毎日チェックし、1週間分のデータが集まるごとに軌道担当者が「軌道決定」をするという作業がずっと続いていました。「はやぶさ」が今、ここにいるはずだと推定するのが「軌道決定」です（富士通が担当）。それにもとづいて、この先、「はやぶさ」をどういう軌道に導けばいいかを決めるのが「軌道計画」です（ＮＥＣが担当）。私は、それら「はやぶさ」の軌道を正確に見極める担当でした。イオンエンジンのグループは、軌道計画にもとづいて、イオンエンジンを吹くタイミングや時間などを決めて「はやぶさ」に指示コマンドを送っていました。

山根　「はやぶさ」がランデブー飛行を続けていた「イトカワ」を離脱して地球に戻ってくるまでのおよそ3年間、日々、そういう仕事を続けていた？

吉川　そうです。データは数字のみなのでわかりにくいので、グラフ化したものをチェックして予定位置とのずれを確認するんです。電波が途絶えた時も、「今はここにいるはずだ」という推定を続けていたんですよ。

山根　チームの皆さんは、その仕事をしながら「はやぶさ2」の計画も進めていた？

吉川　それ以外にも多々ありました。打ち上げた当初は、トラブルを起こした火星探査機「のぞみ」を復活させるための必死の作業を行っていましたし、「はやぶさ」の地球帰還直前の2010年5月からは、種子島宇宙センターから打ち上げた金星探査機「あかつき」と宇宙ヨット「イカロス」(小型ソーラー電力セイル実証機)の軌道決定も我々のグループでやっていました。このほかにも計画中のミッションがいくつかあり、それらの準備も。

山根　よくぞまぁ、頭が混乱しないで。

吉川　NASAと違って日本は人員も予算も規模が小さいですから。「はやぶさ」の次の計画は、「はやぶさ」の打ち上げ前の2000年頃から、藤原顕先生(後に宇宙科学研究所教授として「はやぶさ」のプロジェクトサイエンティストをつとめた)を主査として有志が集まった「太陽系小天体探査プログラムWG(ワーキンググループ)」の準備チームが議論を始めているんです。このWGが本格的な活動を開始したのは2004年です。最初は藤原先生がリーダーとなり、私は藤原先生の退職後、その役を引き継ぎました。

山根　そのチームが「はやぶさ2」計画を固めていったのだと?

吉川　いや、違います。このWGは、2006年に始まった「はやぶさ2」とは別の計画を並行して進めていたんです。

山根　さらに「別の計画」?

吉川　2007年頃からヨーロッパの科学者たちと共同で、「マルコ・ポーロ」という探査機を打ち上げようという計画を煮詰めていたんです。「マルコ・ポーロ」は「はやぶさ」よりも3倍ほど大きい探査機で、「はやぶさ」クラスでは到達できない小惑星帯まで行き、そこの小惑星の

サンプルリターンを行おうという計画です。

山根　マルコ・ポーロの『東方見聞録』は大好きな本です。13世紀にアジアを旅したマルコ・ポーロは日本にまでは来なかったが、『東方見聞録』には中国で耳にした黄金の国、ジパングについて記述があります。読んでみるとムチャクチャなデマ話ですが、それが後にコロンブスが日本の黄金を求める大航海に出る動機にもなりました。探査機をそう命名したのは誰ですか？

吉川　川口淳一郎先生やヨーロッパのメンバーと一緒に考えて。

山根　それでいつ実現？

吉川　計画はＥＳＡ（欧州宇宙機関）の審査で、予算がかかりすぎるからと、他の計画との競争に敗れて実現できなかった。そこで、日本は「はやぶさ２」に集中することになったんです。もっともヨーロッパのチームはぜひとも小惑星のサンプルリターンをしたいと、ヨーロッパ独自で縮小した「マルコ・ポーロＲ」計画を立てたんですが、２０１４年2月、ＥＳＡが開催したミッション選定の会合でやはり他のミッションに敗れています。

山根　「はやぶさ2」をヨーロッパとの共同プロジェクトにすればよかったのに。

吉川　その提案はしています。日本で予算がなかなか出なかったため、ＥＳＡに「共同プロジェクトとしてどうか」と提案したところ科学者たちは大歓迎でした。しかし、なぜですかね、ＥＳＡは「ＮＯ！」という結論でした。

山根　うむ、それは、……が理由だな（笑い）。

あの「ダイオード」は?

山根　紆余曲折しながらも「はやぶさ2」を実現した皆さんの「しぶとさ」には感銘します。「はやぶさ2」の予算は?

吉川　ロケットの打ち上げ費用や地上設備の開発経費を含めて約289億円です。「はやぶさ」はこの金額が200億円ほどでしたから、若干高くなりましたが。

山根　それでも格安だ。

吉川　安いです。アメリカでは同じミッションには3倍の予算をかけていますから。

山根　その「はやぶさ2」、どんな改良を?

吉川　イオンエンジンは、パワーをアップして、さらに信頼性を高めました。

山根　イオンエンジンは、イオンを吹く「スラスタ」（イオン源）と電子を吹く「中和器」という2つ1組み、それがA、B、C、Dと4基搭載されるのは「はやぶさ」と同じようですが、「はやぶさ」では次々に故障。そこで、最後の手段として、こっそり入れてあった「ダイオード」による迂回回路による「クロス運転」、Aの中和器とBのスラスタを組み合わせるという、経験したことのない試みで地球帰還を果たしましたね。あのダイオードひとつの存在は、映画で

	はやぶさ	はやぶさ2
本体サイズ	1m×1.6m×1.1m	1m×1.6m×1.25m
質量（推進薬込み）	510kg	約600kg
打ち上げ年	2003年5月9日	2014年11月末（予定）
打ち上げロケット	M-Vロケット5号機	H-IIAロケット26号機
通信周波数帯	X帯（7〜8GHz）	X帯（7〜8GHz）、Ka帯（32GHz）
ミッション機器	近赤外分光器、蛍光X線スペクトロメータ、マルチバンド分光カメラ、レーザー高度計、MINERVA、サンプラー	近赤外分光器、中間赤外カメラ、光学航法カメラ、レーザー高度計、MINERVA-II、MASCOT、衝突装置、分離カメラ、サンプリング装置
小惑星探査期間	約3ヵ月	約18ヵ月（予定）
試料採取	2回（表面のみ）	3回（表面に加え、表層下の採取を試みる）
地球帰還	2010年6月13日	2020年11-12月（予定）

Fig4.6 「はやぶさ」と「はやぶさ2」の比較〈JAXA資料より〉

も大きなテーマになりました。

吉川　はい、「はやぶさ2」でも同じようにダイオードを入れましたよ。

山根　それは、よかった（笑い）。

吉川　いや、当然ながらダイオードを使うことがないようにしなくては。

吉川　「リアクションホイール」を3個から4個に、化学推進エンジンの構成の変更など改良点は多々。「はやぶさ2」が降下していくときに目印とするため、先に落とす光を反射しやすい特殊なシートで覆った「ターゲットマーカー」は、「はやぶさ」では3個でしたが、5個に増やしています。通信系も最も大きなアンテナであるハイゲインアンテナが2つになりました。地球との通信では、8ギガヘルツの「Xバンド」という周波数帯を使う点は「はやぶさ」

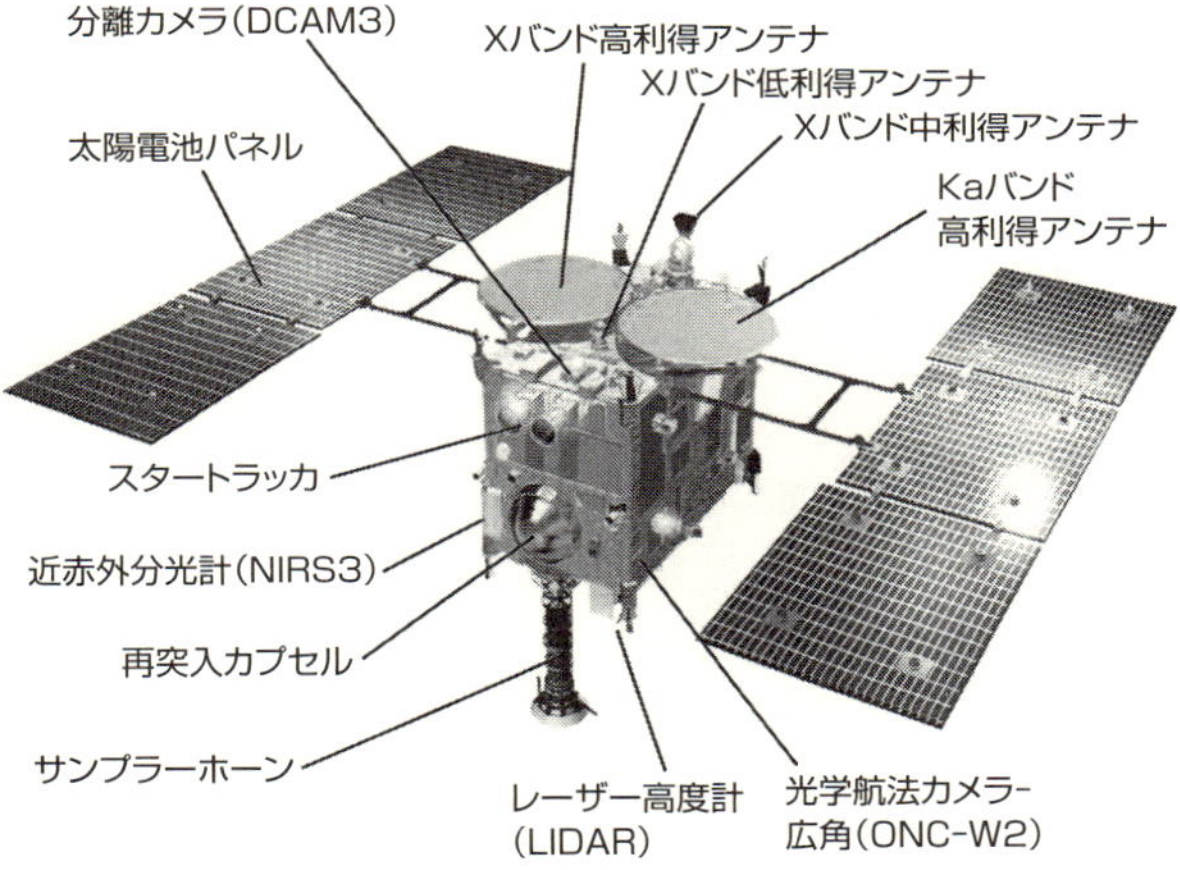

分離カメラ(DCAM3)
Xバンド高利得アンテナ
Xバンド低利得アンテナ
Xバンド中利得アンテナ
太陽電池パネル
Kaバンド
高利得アンテナ
スタートラッカ
近赤外分光計(NIRS3)
再突入カプセル
サンプラーホーン
レーザー高度計
(LIDAR)
光学航法カメラ-
広角(ONC-W2)

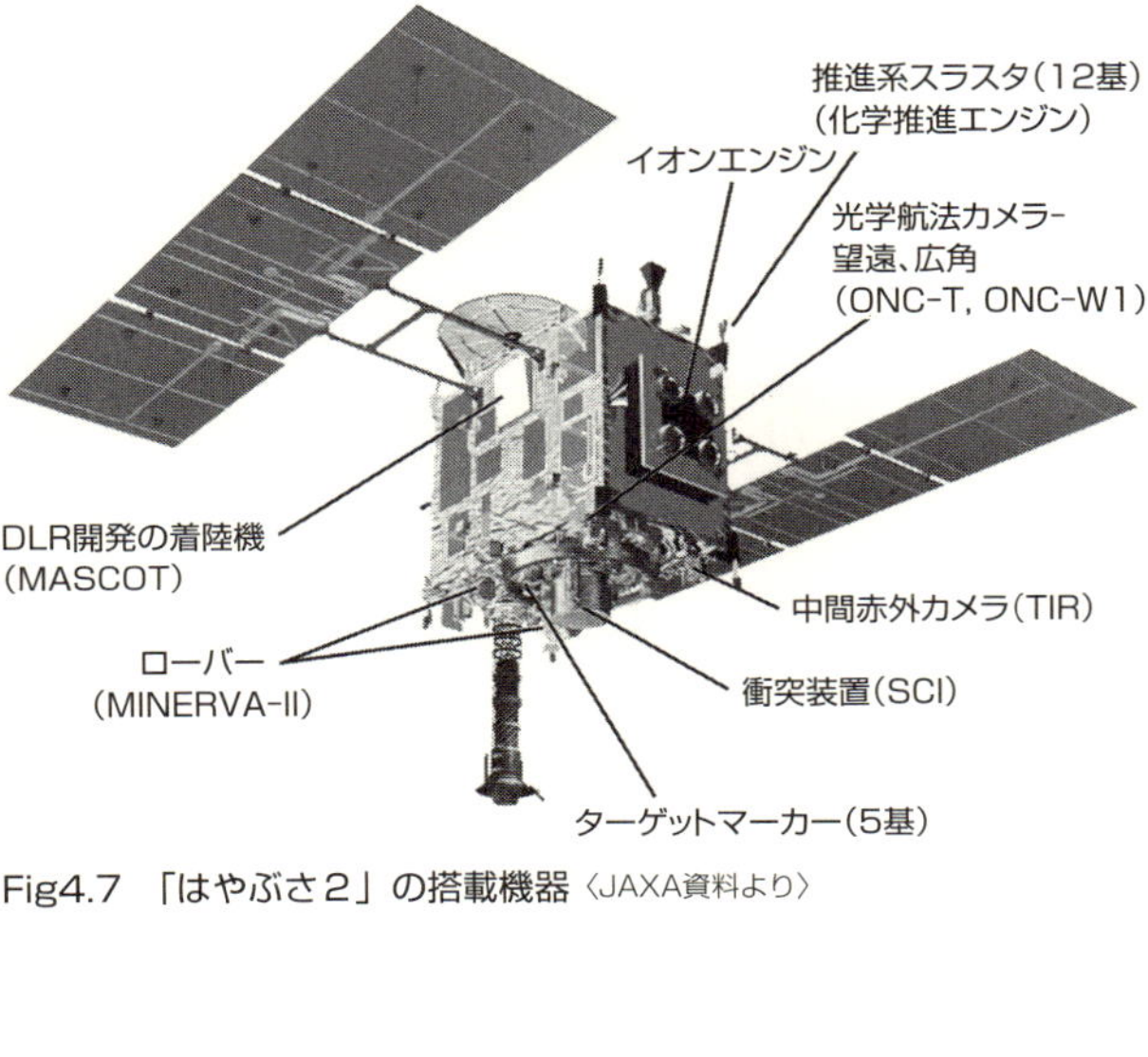

推進系スラスタ(12基)
(化学推進エンジン)
イオンエンジン
光学航法カメラ-
望遠、広角
(ONC-T, ONC-W1)
DLR開発の着陸機
(MASCOT)
中間赤外カメラ(TIR)
ローバー
(MINERVA-II)
衝突装置(SCI)
ターゲットマーカー(5基)

Fig4.7 「はやぶさ2」の搭載機器〈JAXA資料より〉

	ミッション目標	ミニマム	フル	エクストラ
理学目標1	C型小惑星の物質科学的特性を調べる。特に鉱物・水・有機物の相互作用を明らかにする。	小惑星近傍からの観測により、C型小惑星の表面物質に関する、新たな知見を得る。	採取試料の初期分析において、鉱物・水・有機物相互作用に関する新たな知見を得る。	天体スケールおよびミクロスケールの情報を統合し、地球・海・生命の材料物質に関する新たな科学的成果を上げる。
理学目標2	小惑星の再集積過程・内部構造・地下物質の直接探査により、小惑星の形成過程を調べる。	小惑星近傍からの観測により、小惑星の内部構造に関する知見を得る。	衝突体の衝突により起こる現象の観測から、小惑星の内部構造・地下物質に関する新たな知見を得る。	・衝突破壊・再集積過程に関する新たな知見をもとに小惑星形成過程について科学的成果を上げる。 ・探査ロボットにより、小惑星の表層環境に関する新たな科学的成果を上げる。
工学目標1	「はやぶさ」で試みた新しい技術について、ロバスト性、確実性、運用性を向上させ、技術として成熟させる。	イオンエンジンを用いた深宇宙推進にて、対象天体にランデブーする。	・探査ロボットを小惑星表面に降ろす。 ・小惑星表面サンプルを採取する。 ・再突入カプセルを地球上で回収する。	
工学目標2	衝突体を天体に衝突させる実証を行う。	衝突体を対象天体に衝突させるシステムを構築し、小惑星に衝突させる。	特定した領域に衝突体を衝突させる。	衝突により、表面に露出した小惑星の地下物質のサンプルを採取する。

Fig4.8 「はやぶさ2」の目的と達成目標〈ISAS／JAXA資料より〉

と同じですが、小惑星の観測データを地球に送るためにより高速通信が可能な32ギガヘルツの「Ｋａバンド」を追加。これで同じ時間内に「Ｘバンド」の4倍のデータ（写真など）を送ることができます。

山根　「1999　ＪＵ3」の写真がバンバン送られてくるのが楽しみ。

吉川　「はやぶさ2」は「はやぶさ」に参加した若手が主要メンバーとして準備をしてきましたが、「はやぶさ」の経験が途絶えることなく活かされたのは嬉しいですね。

吉川さんは小学生時代、高専で英語教師（後に大学で講義）をしていた父から口径10センチメートルの反射望遠鏡を買ってもらったことがきっかけで宇宙に関心を持ち、土星や木星の写真を撮ることに熱中した。大学時代には天文学を学び、大学院時代も含めて国立天文台で観測の手伝いをすることもあったが、専門は一貫して小惑星の軌道を探る天体力学だった。時代は大きく違うが、小惑星学者、平山清次さんのＤＮＡを受け継いでいるのである。80年前に平山さんが、「彗星と小惑星とは依然、太陽系内の謎の天體である。其等の謎が解けない限り太陽系の起源は不明であると言つて良いと思ふ」と投げかけたのを受け、「はやぶさ2」によって、「その謎を解くさらなる成果」を平山さんに捧げてほしいと思う。

第5章

爆弾搭載計画

2002年秋、東京大学名誉教授（当時。現・特別栄誉教授）、小柴昌俊さんのノーベル物理学賞受賞の報を受けて、広く知られるようになったのが、岐阜県吉城郡神岡町（当時）の「カミオカンデ」だ。東京大学宇宙線研究所が池ノ山山頂の直下1000メートル、鉛と亜鉛を採掘する三井金属鉱業の神岡鉱山の一角（茂《も》住《ずみ》坑）に建造、1983年にデータ収集を開始した素粒子観測施設だ。超純水3000トンを満たした巨大な魔法瓶のような構造で、「水チェレンコフ検出器」と呼ばれている。当初の目的だった「陽子崩壊」の検出が難しいと判断した小柴さんは目的を変え、素粒子の一種である太陽ニュートリノを検出するため「カミオカンデⅡ」への改造工事を決意。その完成直前、テスト観測中に世紀の大発見をなしとげる。

1987年2月23日、謎の素粒子、ニュートリノを世界で初めて検出することに成功したのだ。たまたまこの日と前日に、「カミオカンデⅡ」でのデータ収集を行っていたことが幸いした。そのニュートリノは、地球から16万4000光年離れた大マゼラン雲で起こった超新星爆発で飛び出して地球に飛来、地球の反対側のイタリアのあたりから地球を貫いてきたものだった。

この世紀の発見を受けて、1995年に、より大型の「スーパーカミオカンデ」が完成し、現在も先進的な実験が続けられている。もっとも神岡鉱山は2001年に採掘を中止、三井金属鉱業から分離した神岡鉱業が金属のリサイクルなどを行っている（「カミオカンデ」の跡地には東北大学のニュートリノ科学研究センターによる反ニュートリノの検出を目的とする「カムランド」が建造されている)。

私は1990年代に入ってから、まだ観測中だった「カミオカンデ」、そして後継施設である「スーパーカミオカンデ」を数回訪ねている。当時はまだ亜鉛鉱などの採掘が行われていて、その山の内部の広がりには圧倒された。「カミオカンデ」へは真っ暗な坑道内を小さなトロッコ列車に揺られて行くのだが、坑内にまるでアリの巣だった。網の目のように坑道が広がっているのである。「スーパーカミオカンデ」の訪問時には、整備された坑道を4輪駆動車で内部へと向かったが、途中には作業車がすれ違う待避所(いわばインターチェンジ)もあり、採掘した鉱石を満載した坑内重機が行き交っていた。鉱山内部では坑道の先端部、切羽《きりは》に何十本もの火薬を仕込み一斉に爆破する。その時には作業者は全員が採掘現場から坑外に待避すると聞いた。

神岡鉱山は16世紀後半の天正年間に開かれた歴史をもつ。明治以降は高原川の険しい河岸段丘の山肌に数多くの鉱山施設がへばりつくように並び、神岡町を繁栄させてきたが、鉱石採掘のためのハッパ音を聞かなくなって久しい。

ところが、神岡鉱山の閉山からちょうど10年目の2011年10月、この神岡界隈に凄まじい爆発音が何度も轟きわたった。その数回にわたる爆発音は、2013年10月にも聞こえた。

爆発音の場所は非公開だったが、記録写真などによれば、そこには山肌ぎりぎりにコの字型の分厚いコンクリートの壁があり、その中には土砂が盛られていた。ここに向かって爆発物が、1

00メートル離れた場所から水平に発射されたのだ。コンクリート壁の手前には、およそ4メートル四方の格子型の巨大な障子のようなものが設置。その障子状のもののマス目の中心に穴が開いていることから、手前から撃ち込んだ爆発物は狙い通りに「的中」したようだった。

　この爆発物の発射実験を行ったのは、「はやぶさ2」のチームなのである。実験現場にはプロジェクトマネージャーの國中均さん、「はやぶさ」のプロジェクトマネージャーだった川口淳一郎さんの姿もあった。

「現場へは行きましたが、危険なので直視はできないですよ。岩石などの破片がどこに飛ぶかわかりませんから、かなり離れた場所でモニター映像で見守っていました」（川口さん）

　この爆破実験を記録した映像によれば、その爆発の瞬間の「音」は飛び上がるほど凄まじいもので、相当な威力のある爆発物だったことがうかがえた。なぜ、「はやぶさ2」のチームがこんな実験をしたのか。それは、「はやぶさ2」にはこの爆発物を搭載するからなのだ。「はやぶさ2」のチームは、これを「衝突装置」あるいは「インパクタ（衝撃を与えるもの）」と呼ぶ。略称として「SCI」（Small Carry-on Impactor＝小型搭載型衝突装置）ということも多い。

「はやぶさ2」は、小惑星「1999 JU3」の上空からこの「衝突体」と一体の「発射装置」をそっと分離、後、宙に浮いたままの発射装置から衝突体を発射して表面にぶつける。こうして小さなクレーターを作り、そこのサンプル（岩石の粒）を採り、地球に持ち帰ろうというのだ。C型の小惑星である「1999 JU3」からは有機物や水を含む岩石を得ることが目的だが、それらは太陽による風化で大きく変質している可能性が大きい。そのため、風化を受けていないフレッシュな、太陽系の誕生当時の姿を残したままのサンプルを得るために考え出されたのが、表面の岩石、あるいは砂を吹き飛ばしクレーターを作るというアイデアだった。いったいこんなことを言い出したのは誰なのか。川口さんはこう言うのである。

「飛び道具を持って行け、と言ったのは僕です」

逃げる探査機

それにしても爆弾を抱えた探査機など聞いたことがないが、「はやぶさ2」は世界で初めてその挑戦をしようというのだ。この「インパクタ」を担当した佐伯孝尚さんに聞いた。

佐伯孝尚さん（さいき・たかなお）

1976年広島県生まれ。東京大学航空宇宙工学科時代には超小型衛星（カンサットなど）で知られる中須賀真一教授に、大学院時代には宇宙科学研究所で川口淳一郎教授に師事。「はやぶさ」行方不明の際は川口さんの命で臼田宇宙空間観測所へ行き、「はやぶさ」から届く（可能性のある）電波信号を自動記録するソフトウェア作りを担う。後、2年半にわたり三菱重工名古屋誘導推進システム製作所に勤務。2009年、宇宙科学研究所に入所し「はやぶさ2」に参加。博士（工学）。

山根　探査機が爆弾抱えて行くなんて聞いたことないですよ。

佐伯　間違いなく世界初ですね。世界のどの宇宙機関も、こんなバカげたこと、というか恐ろしいことはやらないでしょう（笑い）。

山根　「爆弾担当」としては責任重大だ。

佐伯　怖くて、考えたくもないです（笑い）。でも、これで本当にクレーターが開いたら素晴らしいことになります。「はやぶさ2」では、せっかくならユニークなことをしたいですから。

山根　小惑星の表面にできるクレーターの大きさは？

佐伯　表面が砂であれば数メートルから10メートルくらいにはなるでしょう。でも「1999JU3」に到着して観測し、「イトカワ」のようにクレーターがほとんどなかったらガッカリです。クレーターがたくさんできていれば、表面は衝突で砂や石が吹き飛びやすいとわかるんですが、行ってみるまでわかりません。最悪のケースは厚い軽石で覆われている場合です。インパクタがずぼっと潜り込んで小さな穴しか開かない、あるいは潜り込んで終わり、ということになるのではと、今からハラハラしています。

山根　うまくいかなかったので、「来週、別の場所にもう一発」というわけにはいかない？

佐伯　1回きりです。2つ持っていくことができなかった理由は、第一が重量です。衝突装置は大きくわけて3つの部分からできています。まず小惑星の表面に向かって発射する「衝突装置爆薬部」、それを撃ち出す「衝突装置機器部」。

山根　前者が大砲の砲弾なら後者は大砲の本体？

佐伯　そうです。いわば砲弾を込めたままの大砲を小惑星上空で「はやぶさ2」から離脱し、宙に浮かんだ状態の大砲が砲弾を発射する手順です。この小惑星は小さいため、引力も小さいので、離脱しても小惑星に向かって急落下はしないからです。この「砲弾を込めた大砲」を探査機から外へと押し出すのが3つめの部分である「分離機構」です。固定している金具を小さな火工品（火薬）を使って引き抜くと、縮めてあったバネ（分離継手スプリング）がパチンと伸びて、押し出すしくみです。

山根　「カプセル」の分離と同じだ。

佐伯　そうです。この3つの部分を合わせたものを「衝突装置」と呼ぶんですが、「砲弾を込めた大砲」は14キログラム、分離機構は4キログラムで、合計で約18キログラムにもなります。

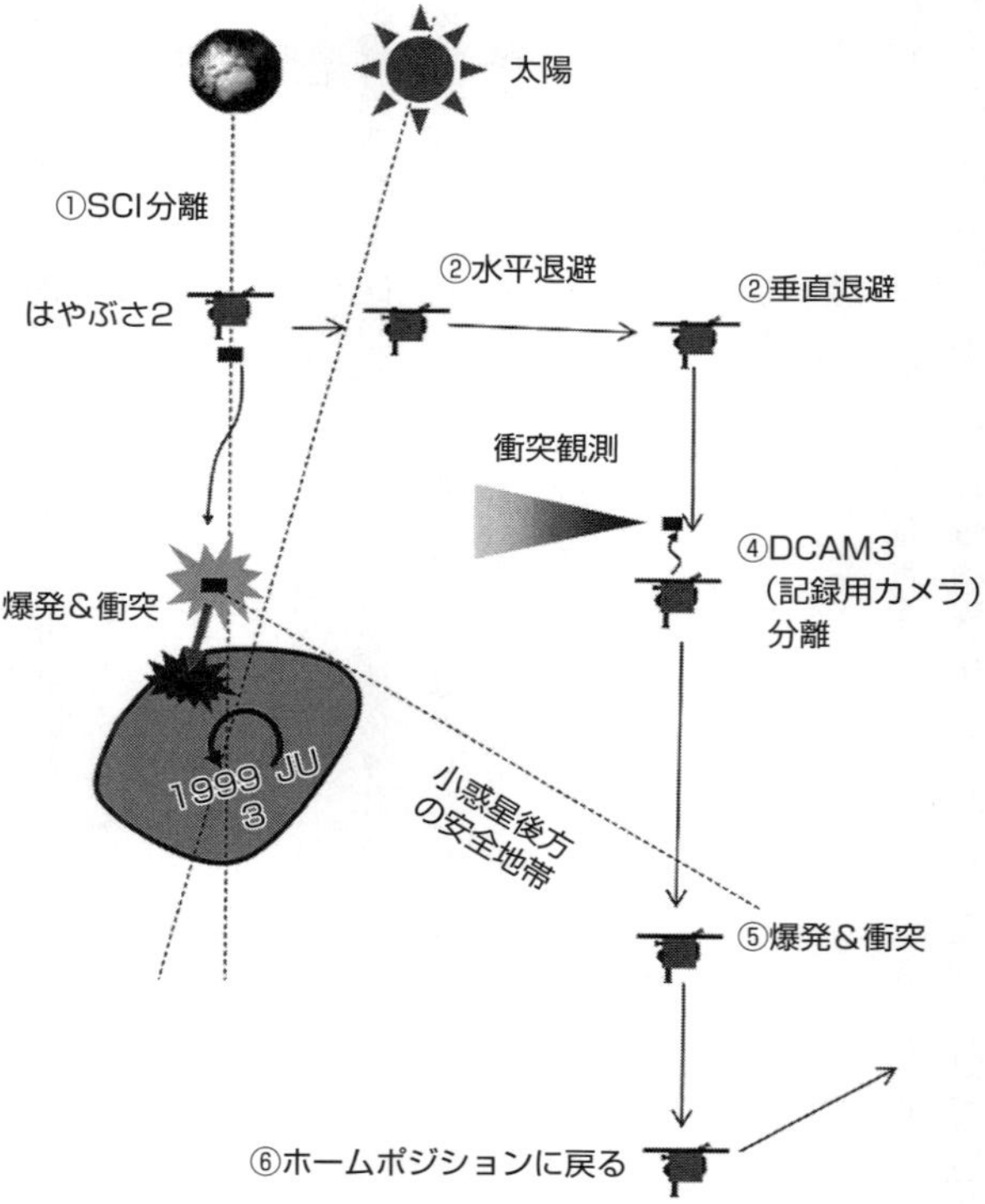

Fig5.1　インパクタによる人工クレーター生成のシーケンス
〈JAXA資料より〉

「はやぶさ2」にはきわめて厳しい重量制限があるので2つ搭載は無理だったんです。そして、もうひとつの理由が燃料です。

山根　イオンエンジンに何か影響が？

佐伯　いや、化学推進エンジンの方です。「砲弾を込めた大砲」を分離したあと、「はやぶさ2」は爆発によって吹き飛ばされる岩石の破片が当たらない場所、小惑星の陰となるところに回り込むように急いで逃げます。この移動はかなり俊敏に行わねばなりません。パワーが小さいイオンエンジンでは間に合わないため、一気にパワーが出せる化学推進エンジンを吹きます。これにかなりの燃料（ヒドラジンと酸化剤）を消費することも、爆破2回が無理な理由です。

山根　地上での爆破実験はどれくらいしましたか？

佐伯　メーカーさんの実験場では2分の1のサイズのものをたくさん撃ちました。神岡での実験は実機サイズを使い2011年秋と2013年秋の2回、計8発撃っています。

ロケットは不採用

山根　どうして100メートル離れた場所から撃ったんですか？

佐伯　民間では試射できる場所がほかにはなくて。この実験場所の制約からです。以前に宇宙科学研究所は、月探査機「LUNAR-A」の実験を同じ場所を借りて行っているんですよ。

山根　そうでしたか！　「LUNAR-A」は月面に超精密地震計などを仕込んだ槍型の観測装置、「ペネトレータ」を投下し、地下2メートルに刺し込むという大胆なミッション。残念ながら2007年に中止になりましたが。神岡での爆破では、佐伯さんがスイッチを押した？

佐伯　いやいや、メーカーさんです。危険なので、私はクルマで少し走った場所に退避していました。そこへも、凄い音は響いてきましたよ。

山根　佐伯さんは、どうして衝突装置の担当に？

佐伯　2009年に宇宙研に戻って来た時、すでに「はやぶさ2」にインパクタを積む構想ができていました。かつては、探査機をまるまる1機、小惑星にぶつける構想があったんです。

山根　えーっ、自爆攻撃⁉

佐伯　2機態勢で小惑星へ行き、1機はぶつけてクレーターを作り、1機がサンプル採集と地球帰還をするという川口案ですが、2機ではコストがかかりすぎるため認められなかった。そこで、メーカーさんの力も借りながらうまく小惑星の表面を削る方法はないかと探っていたんです。探査機が表面に降りてドリルで掘ろうか、という案もありましたね。

山根　小さな小惑星は重力がほとんどないので、ドリルを回したら探査機の方がぐるぐると回っちゃいますよ。

佐伯　まったくその通りです。それに、小惑星の表面は100℃以上と熱いため、作業している間に探査機も熱くなり、観測器がダメージを受ける心配もありました。超小型のロケットのようなものを撃つのはどうかという案も検討しました。

山根　ほとんど「スターウォーズ」の世界になってきた。

佐伯　しかし、ロケットでは探査機からの発射後、すぐに着地し爆発するため、探査機が破片を受けて壊れる危険性が高い。それを避けるためには、数キロメートルは離れた位置から撃つ必要がありますが、それでは狙いが不正確になりますよね。それに、ロケットを撃った瞬間、探査機はのけぞるようにひっくり返ってしまうんです。あらかじめ探査機を回転（スピン）させ、発射する力（推力）をその回転軸の方向にピタリと一致させておけばいいが、難しい。

山根　議論百出だったのね。

佐伯　小惑星の表面にそっと爆薬を置き、離れたところから点火する案もありました。しかし、この方法では爆薬だけが爆発して下には穴があかないんです。また、この方法では、爆薬のススなどでサンプルが汚染されるため、サイエンスの担当者側から「ダメだ」と。そのうち、特殊な爆薬である「シェープトチャージ」という技術にたどりつき、その技術をもつメーカーに製造を依頼したわけです。

山根　簡単にいうとどういうモノ？

佐伯　シェープトチャージにはいろいろなものがあります。我々が使っているものを最終的なか

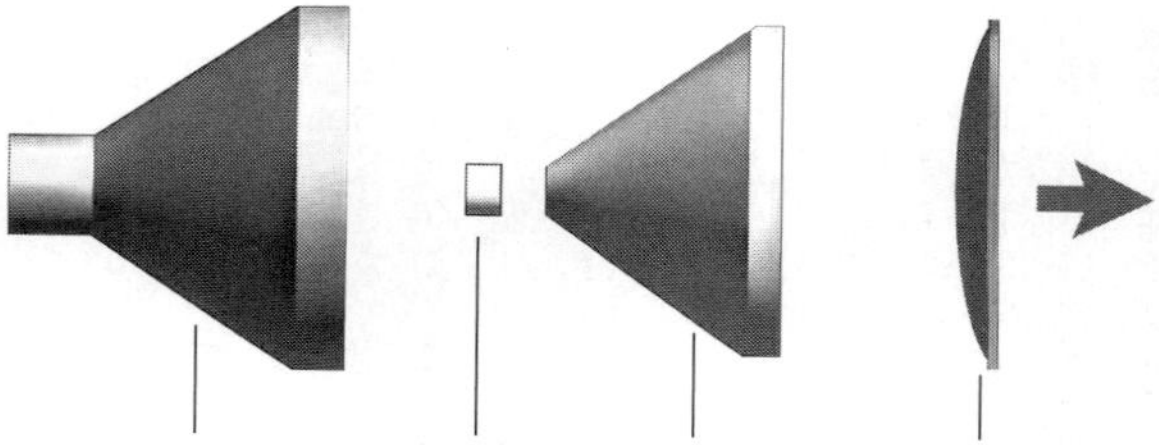

Fig5.2　衝突装置（インパクタ）爆薬部の構造〈JAXA資料を元に作図〉

たちでいうと、まず、漏斗のような厚さが約1ミリメートルの円錐形のステンレス製のケースがあります。開口部の直径は26・5センチメートルです。その開口部を厚さ5ミリメートルの銅製のお皿（ライナ＝衝突体）できっちりと蓋をします。飛んでいくのがこのお皿で重さは2・5キログラム。蓋をしたうえで、漏斗のお尻部分の細い筒から爆薬を入れていく。最後に、発火の役目をする小さな「ブースター（伝爆薬）」を押し込むように装填します。

山根　爆薬をそんなふうに扱うと聞くだけで身震いしますよ。「はやぶさ2」が宇宙を航行中に太陽熱にさらされて爆薬が発火、探査機がバラバラになったら……。

佐伯　私も身震いします（笑い）。しかし、使用する爆薬は、「HMX（シクロテトラメチレンテトラニトラミン）系」というもので、爆薬の微粉を樹脂でコーティングし安全性を高めたものなので「安定で鈍感」という仕様です。発火点は255℃と耐熱性にも優れていますから、「はやぶさ2」が太陽にさらされるくらいの熱では爆発の危険はありませんのでご心配なく。「はやぶさ2」からバネの力で「衝突装置機器部」とともに宇宙空間に押し出されたこの「衝突装置爆薬部」は、「はやぶさ2」が小惑星の側面より裏側に近い場所にまで回り込んで移動したあと、点火です。

苦労したバンド

山根　砲弾も銃弾もロケットも先端は尖った形をしていますよね。お皿状の平らなモノを飛ばすにはフリスビーのように水平に回転させて投げるのが大気のある地上のやり方ですが、真空の宇宙ではお皿はちゃんと真っ直ぐに飛んでくれるということ？

佐伯　発射前はお皿の形をしていますが、そのお皿は爆薬の衝撃によって中心部が前方に膨らむように尖った形に変形を続け、標的に当たる時にはほぼ球形です。この形は小惑星にクレーターを作るために最適の形状として設計したものなんです。

山根　なるほどぉ。以前、老朽化したビルなどを倒壊させるための爆破技術について取材したことがあるのですが、「東京タワーでも横倒しにせず精密に倒せる」そうです。ほとんど知られてませんが、爆発物の技術って相当高度なものらしいですね。

佐伯　このシェープトチャージが素晴らしいのは、瞬時に加速できる点です。ロケット方式ではロケットモーターに点火後、最高速度になるまでに時間がかかります。そのためにも探査機はかなり遠くから撃たなければならないんですが、このシェープトチャージは小惑星への衝突時の速度である秒速２０００メートル（時速７２００キロメートル）まで、１ミリ秒以下という超短時間で加速できるんですよ。

山根　やはり、ちょっと怖い（笑い）。

佐伯　「はやぶさ2」からインパクタを分離する機構でも大きな苦労がありました。

山根　カプセルと同じ分離機構ゆえ、さほどの苦労はなかったのかな、と。

佐伯　インパクタ本体を作る以上の苦労だったかもしれません。分離時の状態が「命中精度」を決めるからです。分離時にはインパクタを安定して押し出すようにスピン（回転）させながら出すんですが、そのためにはバネの絶妙な力で押し出さなくてはいけない。しかし、新しい技術開発をしている時間がなかったので、カプセルの分離機構などの既存技術を借りたんですが……。

山根　どこに問題が？

佐伯　カプセルの分離機構は口径が約40センチメートル、こちらはそれより小さい30センチメートルにしたところ、結合バンドを解放した時に跳ねる強さが大きくなりすぎることがわかった。カプセルでは、解放したバンドが他の機器にぶつかることなどないように抑える機構がありますが、サイズを変えたことでそのコントロールが非常に難しくなり、カプセルのようにはいかなかったんです。この部分の製造担当はＩＨＩエアロスペースですが、ずいぶんと試験を繰り返し、結合バンドの移動をうまく拘束する機構を入れたり、結合バンドを引き込むワイヤー・バネを強くしたりと多々工夫をして、やっとメドがついたのが２０１２年でした。

山根 という苦労が山積みだった新たなる挑戦のインパクタ、最初この話を聞いた佐伯さんとしては、「面白そうだ！」と手を挙げた？

佐伯 違います（笑い）。川口先生から、「佐伯君、君は最近転職して来たばっかりなのでヒマだよね、君がこの話を進めてくれないか」と言われて、メーカーを訪ねたんですよ。

「簡単だ」という誤算

佐伯さんが訪ねたメーカーとは、日本工機株式会社（本社・東京港区）だ。創業は１９３３年（昭和８年）で軍事用、鉱工業用の爆薬製造で始まったメーカーで、福島県西白河郡に製造所がある。同社のホームページでは、以下のような企業概要を記している。

金属加工から火薬類製造・塡薬・火工品類組立てまで自社で一貫生産、専用試験場にて評価試験を行う防衛用弾薬類を主軸として、高精度と高い信頼性の製品を提供しております。また、この間培ってきた火工技術と精密金属加工技術をベースとして、産業用火薬類・一般産業用精密加工分野等の民生品事業へも展開し、多くの製品を生み出して来ています。

日本工機は、1964年の東京オリンピックのすべての聖火トーチを製造したメーカーでもある。「はやぶさ2」のインパクタの製造を担当した白河製造所のチーム6人に聞いた。

日本工機株式会社白河製造所

藤垣雄一さん（品質保証部長）1955年生まれ、1978年入社、プロジェクトリーダー（総括担当）。

加藤久敦さん（研究開発部開発第1グループ・主幹・工学博士）1959年生まれ、1981年入社、プロジェクト・サブリーダー（設計担当）。

矢野英治さん（研究開発部開発第1グループ・主査・工学博士）1974年生まれ、2003年入社、プロジェクト員（製造・試験担当）。

田子義則さん（研究開発部開発第1グループ・主任）1959年生まれ、1977年入社、プロジェクト員（製造・試験担当）。

川堀正幸さん（研究開発部開発第1グループ・副主任）1965年生まれ、19

86年入社、プロジェクト員（製造・試験担当）。
小磯留里子さん（研究開発部開発第1グループ）1977年生まれ、1996年入社、プロジェクト員（製造担当）。

藤垣　このテーブルの上にあるのが、今回私どもが担当させていただいたインパクタです。

山根　思いのほか小さいんですね。

加藤　およそ10キログラムですが、これでもJAXAさんには「大きくて重い」と言われてます（笑い）。

山根　どれ（持ち上げてみる）、あれま、ほんとに重いわ。

加藤　はじめJAXAさんからは、「2キログラムのインパクタを秒速2000メートル（時速7200キロメートル）で小惑星に当てたい」というリクエストだけがあり、インパクタの大きさや重さの制限はなかったんです。そのため「簡単に作れるな」と、円筒形の30キログラムのものを考えていたんです。しかしどんどんサイズや重量の要求が厳しくなり、最終的に10キログラムに制限され、何とかこのサイズ、重量にしたわけです。

山根　この銅の蓋状のライナ、佐伯さんに聞いていましたが、少し内部へ凹んでいますね。

藤垣　凹面鏡の形にしておくと、爆薬の衝撃で球状にできるんですよ。こういう設計は、加藤がシミュレーションを行いながら進めたんですが、爆薬がご専門の先生から「バラバラになったりしないか」と言われたことがありました。実験結果はシミュレーション通りで、納得していただきましたが。

山根　さすがプロ！　銅製のライナは漏斗状のステンレス製のケースの開口部にどう接着を？

加藤　電子ビーム溶接です。爆発して中の圧力が上がるとステンレスのケースはバラバラに壊れますが、前面のライナはちぎれて真っ直ぐに飛翔するわけです。爆薬は考えつく中で最も性能の高いものを採用しました。宇宙に行くので安定性がよく速度が出るものを選び、かつ、独自の調合をしています。粒径が異なる2種類の爆薬を混ぜ、液状のゴムの一種をバインダー（つなぎ剤）として流し込みながら硬化剤で固めています。

山根　ロケットの補助エンジン、SRBと似ていますね。

加藤　SRBも同じバインダーを使用していますから、ロケット技術と同じですね。このバインダーのゴムは、ゴルフの人工芝にも使われている一種の接着剤です。通常は水飴状で、爆薬といっしょにおよそ60℃に加温しながら半日ほどかけて混ぜるんです。

山根　点火は電気を通じて？

加藤　いや、2段階になっていて、まず電気で雷管を発火させると「フライヤー」という小さな板が衝撃波とともに「伝爆薬」に激突。その衝撃で数千℃という高温となり爆薬が起爆します。

山根　人間がハンマーで叩いたら爆発しますか？

加藤　その程度ではウンともスンとも。ビルの上から落としても起爆はしないでしょう。宇宙に持っていくので、徹底した安全を考えての設計です。

山根　ほかにも宇宙に持っていくための工夫が多々あるのでは？

加藤　宇宙の超真空に耐えるため、気密構造にしなければならない点には苦労しましたよ。そのため前面の銅製のライナは溶接にしたんですが、厚さが5ミリメートル。これではもたないので、溶接部分だけは10ミリメートルにしてあります。軽くするために本体ケースは当初はアルミ製を考えていたんですが、銅とアルミは溶接ができないためステンレス鋼にしたので重くなってしまったんです。

山根　アルミなら摩擦攪拌という溶接に代わる接合技術がよさそうですけど？

加藤　検討はしましたが、実績と信頼性から電子ビーム溶接にしました。

山根　ライナを銅ではなくアルミ合金にはできなかった？

加藤　あのサイズで2キログラムという重さが必要ですから、銅しか使えないんです。それに、アルミでは採取するサンプルにアルミが混じってしまい分析の支障になります。

山根　そうか、「はやぶさ」のカプセルからの微粒子の取り出しでも、アルミのメッキが剝がれて混じっていて苦労しましたからね。

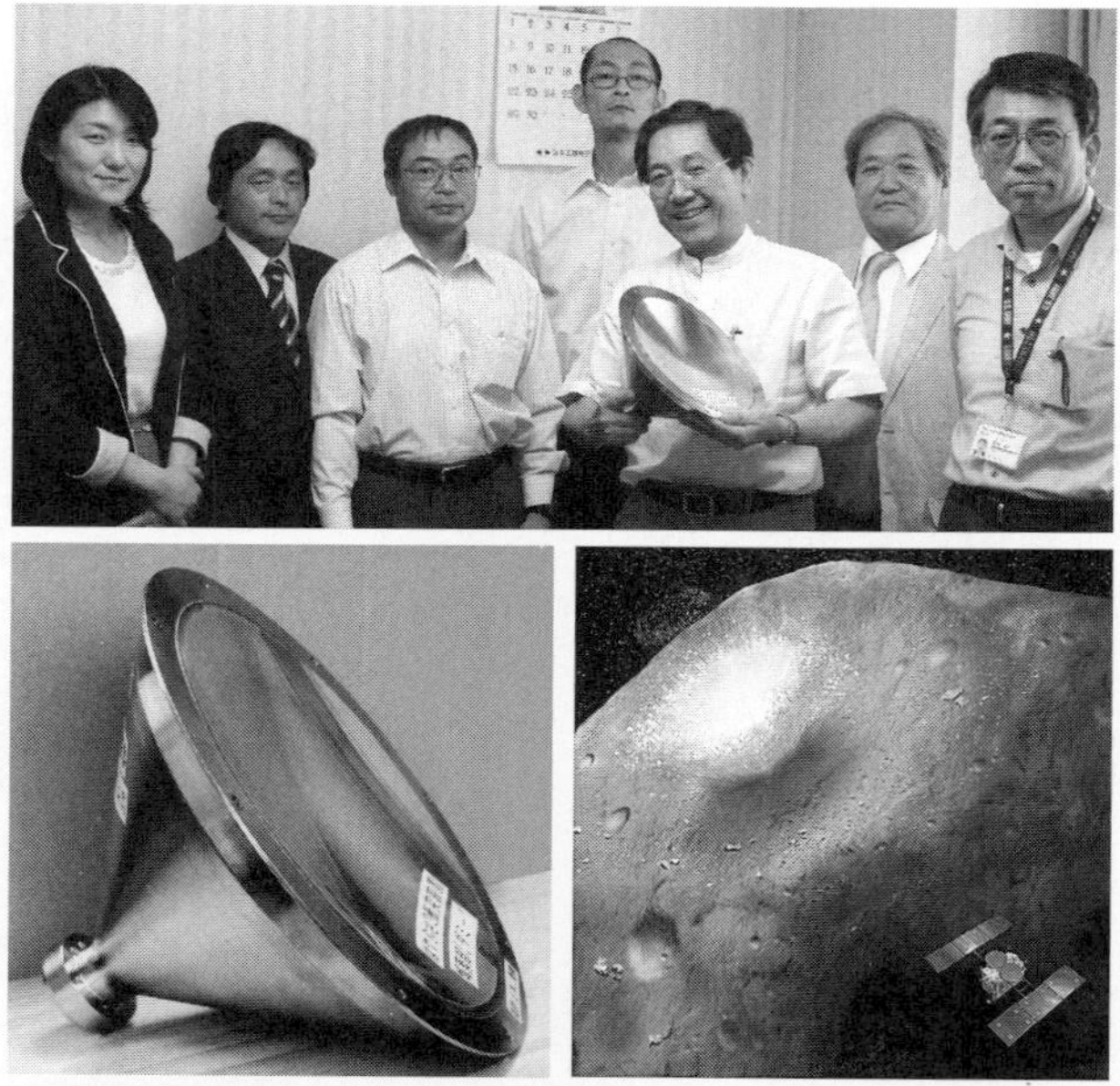

Fig5.3　上段・日本工機インパクタ製造チームと著者〈写真・山根事務所〉中段左・インパクタの爆薬部〈写真・山根一眞〉　中段右・クレーター生成の想像図〈イラスト・池下章裕〉　下段・神岡での試射の様子〈写真・JAXA〉

加藤　鉄も使えません。どこにでもある金属なのでやはりサンプル分析の支障になりますから。

山根　ライナのある前面はビーム溶接、反対側のお尻の細い部分の気密は？

藤垣　そこから爆薬を入れるんですが、爆薬の充填後に溶接するのでは危険です。そこで、ここの穴はネジでふさぐ構造にしました。その穴から爆薬を入れたあと、金属のパッキンを挟んでネジで留めるんですが、その穴は直径２センチメートルしかないんですよ。ここから４・７キログラムの爆薬を流し込むのが大変でした。

３日かけた「焼き砂」

山根　この、とんでもない要請が入ってきたのはいつでした？

加藤　忘れもしない（笑い）、２００９年９月24日か25日だと思います。

山根　宇宙の仕事は初めて？

藤垣　いや、糸川英夫先生が現在の宇宙科学研究所を興された初期時代、「パイ・ロケット」という試作機が作られたことがあるんです。そのパイ・ロケットの推進薬を作っているんです。当時は現在とは違う社名でしたが。

２００９年の３月、日本のロケットの父、五代富文さんが文部科学省で宇宙開発委員会委員長

(当時)の松尾弘毅さんと行った「輸送系ロケットの開発」という対談の中で、このパイ・ロケットについて触れていた。

パイ・ロケットというのはアイデアのつまったロケットで、推進薬というよりもつくりがおもしろい。パイというのはπで、要するに、コンポジット推進薬の周りにプラスチックをグラファイト製ノズルも一緒に巻き込んでつくったものでした。もっともロケット自体が曲がっていましたね。秋葉先生と吉山巖さんがやった。

それを燃焼試験して、その次に私たちのシグマ・ロケットとパイ・ロケットを一緒に飛ばした。そうしたら、パイ・ロケットの方は、飛んであるところまで行ったら、垂直に上がった。要するに、壊れて飛び上がって、ボンと目の前の海に落ちたんですよ。

そんなことがあって以来、東大の宇宙研というか、日本の固体ロケットは日本油脂のコンポジット推進薬と日産ロケット型になったのです。

宇宙開発では「火薬」は大きなキー技術なのである。

山根　どうして日本工機さんにインパクタの開発が持ち込まれたんですか?

加藤　ＩＨＩエアロスペースさんと取引があることから、依頼を受けたんです。そこで、ＪＡＸＡの矢野創先生（宇宙科学研究所助教）と佐伯孝尚先生が来社され、いきなり、「すぐ実証試験をやって10月初めに結果を出してほしい」と言われたんです、２週間後ですよ。

山根　ずいぶんと無茶苦茶な。どちらが無茶苦茶でした？

加藤　お二人とも（笑い）。

山根　それでどう試験を？

加藤　急いでごく小さいインパクタのミニチュアモデルを設計し製造業者に発注、５日後には数個ができあがってきました。アルミ製でしたが。これを使い、白河製造所の爆発試験場で、できぐあいを確認するため火薬の力で砂地に衝突させるなどの試験をしたわけです。

山根　試験装置の準備も大変だったでしょう？

加藤　「乾燥した砂でやってほしい」とのリクエストでしたが、雨続きだったので「乾いた砂を」と業者に注文。２立方メートルほどの砂を大きなミキサーで混ぜながらバーナーのような装置であぶり続けて乾燥させたためで、それだけで３日かかったそうです。この「焼き砂」、結構いいお値段でした（笑い）。

山根　地球上に小惑星を作るのは大変だ。

国家事業という覚悟

加藤　こうして10月5日に試験。ひとつは真っ直ぐ飛ぶかどうかをテストし、もうひとつはJAXAさんが持ち込んできた直径20センチメートル、高さ10センチメートルほどのスポンジケーキのような石膏のようなモノに衝突させました。小惑星の表面と同じ状態を想定して作った試験材料です。これにミニインパクタを衝突させたところ、きれいなクレーターができたんです。昼過ぎには川口淳一郎先生もいらして、「これなら大丈夫だね」と満足して帰られました。

地球帰還を目指していた「はやぶさ」は、この年の2月に第2期の軌道変更のためイオンエンジンを再起動。夏には、1年後に迫った地球帰還に向けてカプセル回収の準備やキュレーション施設での「練習」が佳境に入っていた。このインパクタの最初の試験を迎えた2009年9月24日、宇宙科学研究所のホームページの「今週のはやぶさ君」は、こう記していた。

今日も、はやぶさ君は元気な様子を報告してくれています。

2009年9月24日00時00分（日本時間では、9月24日の09時00分）現在のはやぶさ君は、地球からの距離2億2857万3060キロメートル、赤経7時2分46秒、赤緯22・29度にいま

す。

その翌々日、生き残っていた1基のみの「イオンエンジンＤ」の再起動に成功、川口さんは、「『はやぶさ』自身が大変な努力をしてくれた」と語っている。「はやぶさ」はこのまま何とか地球へと帰還してくれるという期待が大きくなったが、その最中に川口さんは東北新幹線で福島県の白河製造所まで足を運んでいたのだ。一方「はやぶさ」はこの後、最後の頼みの綱だった「イオンエンジンＤ」が不調となり、11月４日に劣化から自動停止してしまう。誰もが、これでいよいよ「はやぶさ」は終わりだと受けとめた（後、「クロス運転」という裏技で「はやぶさ」は蘇るのだが）。

宇宙科学研究所の管制室ではこういう緊張や失望、喜びが交錯する毎日だったが、それと並行して「はやぶさ２」の「とんでもない」準備が着々と進んでいたのである。

日本工機によるミニインパクタの実験結果はＪＡＸＡ内部と文部科学省に報告され、「はやぶさ２」にインパクタを搭載する了解を得ることができ、開発予算のメドもついた。日本工機がコンペによって「はやぶさ２」の実機のインパクタの製造を受注したのは、「はやぶさ」の地球帰還の６ヵ月後、２０１０年12月のことだ。公募に応じたのはこの技術をもつ日本工機のみだった。その受注額はビジネスに合うものではなかったが、「国家事業だから」という会社の判断で受注したのだ（「はやぶさ」も「はやぶさ2」も多くの協力企業が同じ決断をしている）。

２０１１年1月、社内に10人のチームを作り、まず2分の1のモデルで試験。実機サイズのモデルになると白河製造所では規模が大きすぎて試験ができないため、2度の試験を岐阜県の神岡で行ったのである。

トロロ芋状態

山根　神岡での「試射」では障子のような標的がありましたね。

矢野　１００メートル先に置いたあれは「布の的」。真ん中に的中させなくてはいけないので、測量の要領で狙いを定め発射、的中。佐伯先生はとても喜んでくれましたよ。苦労はいろいろとありましたが、爆薬を詰める作業が大変でした。

川堀　爆薬は密度の差が生じないよう均一に装塡しなければならないんです。装薬時の爆薬はドロドロした液体状で、すりおろしたトロロ芋のような感じです。そのため気泡が入らないようゆっくりと入れていかねばならないんです。真空槽の中で、空気を抜きながら2センチメートルの穴にジョウロのようなものでゆっくり塡薬していくんですが。

小磯　一人ではできない作業で、一人が塡薬、一人が装薬している経過時間と爆薬の量を確認しするという阿吽《あうん》の呼吸が必要なんですよ。

矢野　こんな極端な形をしたものは初めてだったので、勝手がつかめず最初は失敗しました。

川堀　初めは金属のジョウロを付け、経過時間の「秒」で量を確認していたんですが、手を止めた時に落ちていく量が増えてしまうんです。そこで、透明のプラスチック製に替えて落ちていく量を確認することにしました。

山根　何個くらい作りました？

田子　2分の1モデルだけでも20～30個は作っているでしょう。神岡での2011年10月、第1回目の試験では2分の1モデルを4発、性能の確認をしたうえで1分の1モデルを3発撃っています。

辛いボルト締め

インパクタの開発チームが発足した3ヵ月後に襲った東日本大震災で、福島県にある日本工機白河製造所は大きな被害を受けている。周辺の道路も崩れて寸断。設備も被災して工場は2週間も止まっている。インパクタの製造は「オール福島県」で取り組んだが、金属加工を行った石川製作所（福島県岩瀬郡鏡石町）や電子ビームによる溶接を担当した東成イービー東北（福島県郡山市）も被災したが、とても頑張ってくれた。

日本工機での設計は加藤久敦さんの発想によるもので、それを田子義則さんが図面にしていった。作成した図面だけでも数百枚にのぼったという。当初は、真空中に持っていくことのイメージがつかめず、銅製のライナは溶接ではなくネジ留めだった。ところがＪＡＸＡでの真空試験ではガスが漏れるとわかった。このままでは、宇宙に出ると爆薬の成分が揮発して漏れるおそれがあった。そこで急遽、完全密封する設計変更をしている。

一方、爆薬部を流し込んだ小さな口は、銅のパッキンを挟んだ12個のボルトをトルクレンチで締めている。矢野英治さんは、その作業は頭がおかしくなるほどで「イヤでイヤでしょうがなかった」と言う。トルクレンチでボルトひとつを締めると銅のパッキンに馴染ませるため4時間放置し、0コンマ数ミリという精度で規定の厚さになるまで待ち、また締めるということを繰り返さねばならなかったからだ。「真空で使うモノ」の難しさが最後までつきまとったが、それがゆえに金属の加工や溶接は「潜水艦の静音スクリューを作れるほど高い精度」に仕上がった。

また、宇宙機に搭載するだけに、安全性を評価するためＪＡＸＡの要求仕様での振動試験も必要だった。ロケットの打ち上げ時には、宇宙機は凄まじい音の衝撃に包まれる。その音による衝撃、振動に耐える設計をし、実際に振動試験台に載せて問題ないことを確認するのだ。インパクタも、単独でその試験が求められたのだ。とはいえ5キログラム近い火薬が入ったインパクタをＪＡＸＡに持ち込み試験するわけにはいかず、ＪＡＸＡでのテストはダミーの爆薬を入れたもののみで行い、爆薬を入れた状態での振動試験は自社内で行った。この試験のために、インパクタを振動台に固定する架台の設計や製造でも大きな苦労が続いた。

「衝突」の科学者たち

インパクタは「はやぶさ２」の目玉機能で、最大で深さ１メートルのクレーターが作れるはずと期待されている。そのサイエンス担当は太陽系の惑星衝突の研究などに取り組んできた荒川政彦さん（神戸大学大学院理学研究科地球惑星科学専攻惑星科学講座教授）だ。

荒川さんは、『ＳＣＩ（インパクタ）ＤＣＡＭ３と衝突の科学』（日本惑星科学会誌「遊星人」Vol.22,No.3　２０１４年９月）で、「はやぶさ２」が作るクレーターについて、こう記している（一部略のうえ引用）。

> このクレーターは小惑星内部を覗くための小窓であり、リモートセンシング観測やサンプル回収から、小惑星表面の宇宙風化や浅内部構造に関する知見を得る。一方、ＳＣＩが衝突する様子は分離カメラ（ＤＣＡＭ３）により撮影され、イジェクタ（註・衝突による破砕噴出物）カーテンの拡大する様子や小惑星周囲を飛び交うダストを観察する。ＳＣＩによる小惑星への衝突は宇宙衝突実験ともいえる。我々はこの世界で最初の小惑星における宇宙衝突実験の機会を利用し

て、微小重力下における「本物の小惑星物質」のクレーター形成過程を明らかにする。

我々は、このSCI（インパクタ）の持つ穴掘り機能を宇宙における衝突実験と見なして、その科学的意義について見直すことにした。その結果、非常に小さな穴であっても、それはその小惑星の表面物性を表すものであり、さらにその物性において得られる衝突クレーターの情報は、地上では得られない貴重な実験データとなることに気づかされた。

（「はやぶさ2」のインパクタによる衝突実験は）30年以上行われてきた日本の衝突実験の実績を生かす良いチャンスとなった。

「惑星の衝突」の解明は長く続けられてきた科学的な課題なのである。だが、地上での実験ではいくつもの限界があった。

SCIの衝突は、（1）本物の小惑星の表面を標的にしている、（2）弾丸の大きさが（これまでの地上実験と比べて）1桁以上大きい、（3）標的は微小重力下にある、という地上では得難い3つの特徴を持っており、衝突実験としてはまたとないチャンスである。こうして表面の穴掘りのために搭載されたSCIは、本物の小惑星における世界初の宇宙衝突実験のための装置として見直されることになった。

太陽系は（それに類似した天体は）、小さな惑星（微惑星）が衝突を繰り返してきた歴史がある（今もそれは続いているが）。その「衝突」は、私たちの地球とも深い関係にある。「はやぶさ2」のチーフサイエンティスト、渡邊誠一郎さん（名古屋大学教授、第8章に登場）は、『「はやぶさ2」の科学目標』（宇宙科学研究所・ＩＳＡＳニュース、２０１４年3月）にこう記している。

> 表面のクレーター密度と放射性年代学、ＳＣＩ（インパクタ）衝突実験を組み合わせることで、小惑星の衝突史と移動史を復元したいと考えています。これらは地球への水や有機物の供給に小惑星が果たした役割を解明する糸口となると期待されます。

「はやぶさ2」は、惑星科学者たちの熱い思いを受けて、「爆弾」を抱えて旅立つのである。

第6章

壊れたエンジンの雪辱

原子力宇宙船

私たちをハラハラさせ続けた「はやぶさ」。

その原因の第一はイオンエンジンだった。「はやぶさ」はイオンエンジンを搭載していたからこそ、小惑星「イトカワ」との往復が可能だった。アメリカの探査機のように「はやぶさ」の3倍、4倍という大型探査機であれば、大量の燃料を搭載し化学推進エンジンで航行できたのだが、日本では大型の探査機を開発製造する予算はまず確保できず、打ち上げでも困難が多い。そこで、パワーは化学推進エンジンの1000分の1しかないが（1円玉ひとつを動かせる程度）、化学推進エンジンの10分の1という省エネ航行が可能なイオンエンジンを選んだのだ。

構造は簡単に言えば電子レンジだ。電子レンジは電波（マイクロ波）を食品に照射して含まれる水を加熱して調理するが、イオンエンジンはマイクロ波（電波）で燃料（キセノン）をイオン化し加速、噴射口にある3枚重ねのグリッド（電極）にあるたくさんの穴からイオンビームとして噴射し推進力とする。もっともイオンを噴射し続ければグリッドなどの劣化が進むため、「はやぶさ」のような長期間の航行は難しいとされてきた。しかし「はやぶさ」のイオンエンジンは、トラブルを起こしながらも、世界最長運転記録を更新しながら頑張ってくれた。

2012年8月25日、NASAは、宇宙探査機「ボイジャー1号」がこの日、太陽系の外に出た（太陽の影響圏から星間圏へ）という驚くべき発表をした。「はやぶさ」が「イトカワ」に到着した時の太陽との距離は１億５０００万キロメートル。だが「ボイジャー1号」は太陽からその１２０倍もの距離を、さらに太陽系の外に向かって航行しているというのだ。しかも、この「ボイジャー1号」が打ち上げられたのは、じつに１９７７年9月5日のことなのである。「ボイジャー1号」の打ち上げの日、日本では、巨人軍の王貞治選手が2日前に打ち立てた７５６本というホームラン世界新記録を受けて、第1回の国民栄誉賞が贈られ大いにわいていた。オールド世代にとっては懐かしい、しかし、じつに37年も前のことだ。当時37歳だった王貞治さんは、今、74歳だ。

　日本がやっと初の人工衛星「おおすみ」を打ち上げたのは、そのわずか7年前、１９７０年のことだった。ソ連（現・ロシア）、アメリカ、フランスに次いで4番目の衛星打ち上げ国になったものの、その衛星は重さが23・8キログラム、長さが1メートル（直径48センチメートル）という小さなもので、わずか15時間で通信が途絶、運用を終えている。だがその後、宇宙探査に懸ける宇宙科学研究所の情熱と努力は猛然たるものだった。「ボイジャー1号」の打ち上げから26年後に打ち上げた「はやぶさ」は、宇宙探査機先進国アメリカもなしえなかった小惑星への着地と離陸を繰り返し、サンプルを地球に持ち帰るという偉業をなしとげた。

　それは、小型の探査機にきわめて省エネルギーのイオンエンジンを搭載したからこそだった。

また、その陣容で成果を上げられる小惑星をターゲットにした戦略も見事だった。「はやぶさ」の地球帰還後、NASAも小惑星探査機を打ち上げる計画を出してきたが、それは、アメリカが小惑星探査では日本を追う立場になったことを物語っている。

「はやぶさ」は地球帰還の7ヵ月前、2009年11月4日にイオンエンジンが全て壊れ、それを知ったキュレーションチームは、「もうダメだろう」とお通夜のような飲み会をした。その時、宇宙研のスタッフから「大丈夫、きっとうまくいく」と聞かされたと語っていた。

その言葉通り、イオンエンジンチームはその難関を乗り越えた。かろうじて生きていた「Aの中和器」と「Bのスラスタ」を組み合わせるという離れ業、「クロス運転」によってクリアし地球帰還までの7ヵ月間を乗り切った。

イオンエンジンは「中和器+スラスタ」で1セット、「はやぶさ」も「はやぶさ2」も、それをA~Dの4セット装備している。スラスタから吹き出す推進源であるイオンビームは(+)の電気を帯びているため、噴射すると探査機本体が電気を帯びてしまったり、せっかくのイオンビームが噴射口のあるグリッドに戻ってきてしまうことがある。そこで、イオンビームが飛び出すなり、電気的に中和する必要がある。それを行うのが、各スラスタから45度の角度にある「中和器」だ。ここからは、イオンビームの(+)を中和するだけの量の(−)の電気を帯びている電子を吹き出し続けている(その電子は燃料のキセノンをマイクロ波の電波を当てプラズマ状態に

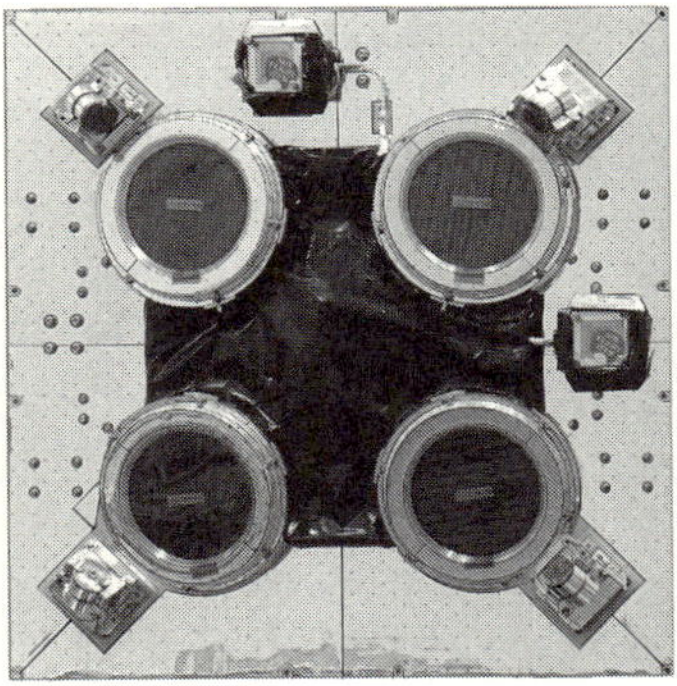

A

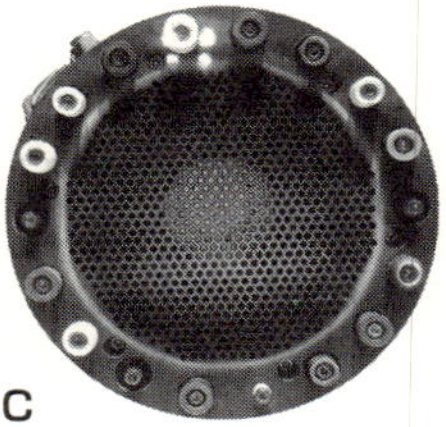

C

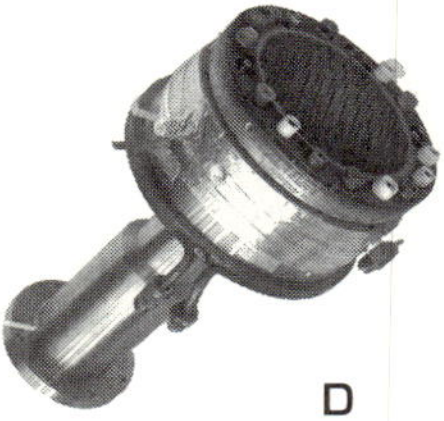

D

B

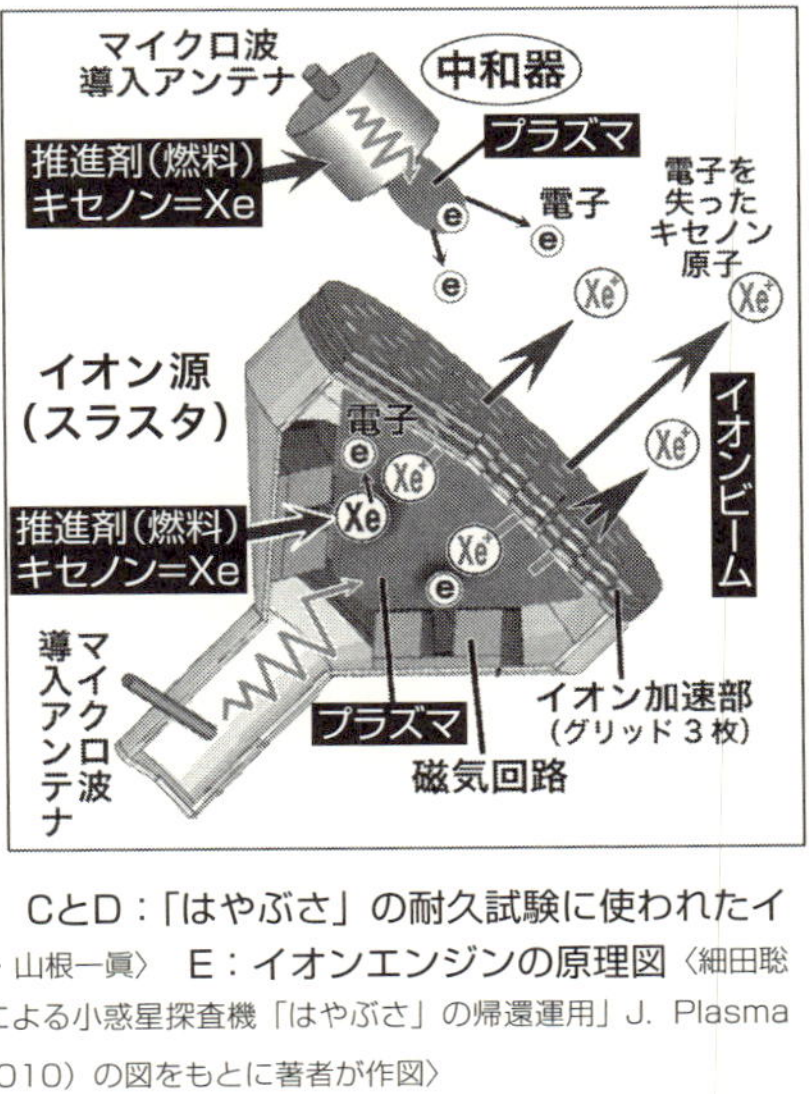

E

Fig6.1　イオンエンジンの構造
A：2014年8月30日に公開された「はやぶさ2」のイオンエンジン。円形部がイオンを噴くグリッド部。それぞれの脇に中和器がある
B：同中和器の拡大写真　CとD：「はやぶさ」の耐久試験に使われたイオンエンジン〈写真A〜D・山根一眞〉　E：イオンエンジンの原理図〈細田聡史、國中均「イオンエンジンによる小惑星探査機「はやぶさ」の帰還運用」J. Plasma Fusion Res. Vol.86, No.5, 2010）の図をもとに著者が作図〉

して作っている)。

本来は、「中和器A+スラスタA」という組み合わせで運転するのだが、イオンエンジン担当の國中均さんが、ひそかに組み込んでおいた半導体パーツ「ダイオード」によって、「中和器A+スラスタB」をセットとする裏技が可能だったため、「はやぶさ」はその「クロス運転」によって危機を乗り越える。このシーンは、映画「はやぶさ　遥かなる帰還」でも大きな山場として描かれていた(私はそれと同じものと思われるダイオードを秋葉原の特殊部品店に依頼しアメリカから取り寄せ、お守り代わりにしています)。小指の先よりも小さい部品だが、「はやぶさ2」でも万が一の「クロス運転」のために組み込んだという。

もっとも、「はやぶさ2」では、その「万が一」がないようイオンエンジンの徹底した改良が進められてきた。「はやぶさ」のイオンエンジンは國中均さんが率いるチームがNECとともに開発、長い耐久性の試験などを続け、運用も担っていたが、「はやぶさ2」では國中イオンエンジンチームの一員だった西山和孝さんがその責を担う。

西山和孝さん(にしやま・かずたか)

1971年、岡山県生まれ。1993年、東京大学工学部航空学科卒。1998

年、東京大学大学院で博士号取得。１９９９年に宇宙科学研究所に入り、イオンエンジンの研究開発に取り組んできた。「はやぶさ」ではスーパーバイザーとして最も長い時間、管制室で運用を担った。宇宙科学研究所宇宙飛翔工学研究系准教授、博士（工学）。

山根　「はやぶさ」の打ち上げがあった２００３年当時、ここ、宇宙科学研究所の國中さんを訪ねて、潜水艇のような形をした真空実験装置でイオンエンジンの耐久試験をしているところを見せてもらったことがあるんですよ。

西山　今も同じ真空装置で耐久試験をしていますが、あれが完成したのは１９９６年で、その翌年から「はやぶさ」用の口径10センチメートルのイオンエンジン「μ10《ミューテン》」の耐久試験が始まっているんです。その試験は１９９９年まで続いて、１万８０００時間という記録を出しています。

山根　イオンビームを24時間吹きっぱなしで７５０日、ほぼ２年かぁ。イオングリッドにはいくつ穴が？

西山　８５５個です。どういう寸法の穴をいくつにすればいいかの理論、技術は１９７０年代には確立していたんです。日本では、國中先生が１９８９年から研究を始めているんですが、世界最後発グループだったんです。

山根　「イオンエンジン」が何年ももつはずがない、と否定的な意見が多かったと。

西山　電気推進の研究者は「使える」と思っていても、周囲の人たちにはなかなか理解されなかったんです。イオンエンジンには大きくわけて3つの方式がありますが、とりわけ我々が取り組んできた「マイクロ波を使う方式」は、笑われかねないほど異端（笑い）。主流は「直流放電式」です。要は、ガス（キセノン）の原子から電子をはぎ取ってイオン化する方法の違いです。

山根　燃料になぜ「キセノン」を使うんですか？

西山　70年代までは水銀やセシウムを使っていましたが、80年代以降は世界中どこでもキセノンです。キセノンは原子番号が54、入手しやすく扱いやすい希ガスとしては最も重いため、大きな運動量が得られるからです。つまり、パワーが大きくできる。また原子構造からイオン化しやすいことも利点です。

山根　そのイオンエンジンで「笑われかねないほど異端」な「マイクロ波方式」を選んだのは？

西山　我々は研究者なので、人がすでにやっているものは敬遠する、ということがありますね。そして何よりも、寿命が長いイオンエンジンが作れるのではないかと考えたからです。

宇宙研がイオンエンジンの研究を始めた当時は、「直流放電」は電子を吹き出す電極部分（陰極、カソード）が不安要素だった（現在は相当改善）。その電極部分がたちまち減ってしまうた

め、タングステンを主とした特殊な材料を採用していたが、それでも電極の減りは避けられなかった。西山さんが案内してくれたイオンエンジンの試験をする真空装置には、内部を覗く窓の部分に細かな金属が付着していた。イオンエンジンから噴射したイオンビームが、真空槽の内面の金属の壁にぶつかり削ったものがこびりついているのだという。それを防ぐため、真空装置の内部は耐スパッタリング性に優れたチタン製部材でカバーしているのだが、完全には防げない。

山根　まるでメッキ、というか真空蒸着をしているみたいですね。

西山　そうです。イオンエンジンは、こういう現象によって劣化がどんどん進むことが大きな問題だったんです。そこで、電極部分がない「マイクロ波放電」のほうが耐久性があるのではと考えたわけです。

山根　イオンエンジンのパワーはごくごく小さいが、イオンビームを噴出し続けるというのは大変なことだったんだ。「はやぶさ」のイオンエンジンでは、燃料をどれくらい消費？

西山　「μ10」では、噴射口であるグリッド部分の奥、直径10センチメートルのエンジン内部、円筒状容器内に向かって1分間に3ミリリットルのキセノンガスを噴いています。その円筒の中に小さなアンテナがあり、4・25ギガヘルツの電波（マイクロ波）を発しています。2・45ギガヘルツの電子レンジよりは周波数は高いんですが、その電波の出力は30ワット。500ワットの電子レンジと比べれば約17分の1にすぎないんですよ。
山根 イオンエンジンでは好物のあんまんは温められないな（笑い）。
西山 しかし、この部分は「電波を発する通信機」と同じですから、通信機としては大出力です。
山根 そうか、無線機で出力が30ワットもあれば、アンテナや周波数帯にもよるが何とか全世界と通信できる。携帯電話のたぶん150倍くらいの送信出力……。
西山 ここで使っている電波の発信には、衛星通信用のマイクロ波増幅器を流用しているんです。残念ながらこれはアメリカ製です、安く調達できますから。
山根 「μ10」では、キセノンガスは何ヵ所から送り込むんですか？
西山 「はやぶさ」では1ヵ所だったんですが、「μ10」の改良型である「はやぶさ2」では9ヵ所。肝心なのは燃料の噴出口が「はやぶさ」では奥（上流）のみだったのを、「はやぶさ2」では手前（下流）のほうに8ヵ所増やした点です。奥と手前と、流すガスの一番良い比率も試行錯誤で決めました。

10ミリニュートンの壁

この「はやぶさ2」用の改良型のイオンエンジンの研究を大学院生らと始めたのは2006年

のことだ。イオンエンジン「μ10」の耐久試験は、「はやぶさ」の打ち上げ前の１９９９年には終えていたため、以降、ほぼ10年間は行っていなかった。だが、まだ「改良」可能な部分があるのではと研究を始めたのだ。通信が途絶し行方不明となっていた「はやぶさ」が奇跡的に回復、通信可能となった頃のことだ。イオンエンジンのチームを、「はやぶさ」の運用を行いながら、「はやぶさの次」を目指して改良型のイオンエンジンの取り組みを始めていたのだ。

山根　「はやぶさ」のイオンエンジンのトラブルに学ぶことが多かった?

西山　いや、運用で得られるデータは限られたものなので、なかなか。それより大きかったのは２０００年頃から研究を始めていた口径20センチメートルの次世代の大型イオンエンジン「μ20」です。取り組んでみると、「はやぶさ」の「μ10」を単に大型化するのではダメで、相当設計を変えなければいけないとわかってきた。その改良部分が「はやぶさ2」の「μ10」にも活かせるのではないかと研究を始めたわけです。

山根　「はやぶさ」チームが必死に「はやぶさ」を帰還させようという運用に取り組んでいた時に、片手間ではなくてよくぞ、イオンエンジンの研究に手をつけましたね。

西山　当時、うちの研究室にいた学生が研究テーマにそれを選んだこともあります。イオンエンジンのメーカーであるＮＥＣが、「はやぶさ」のイオンエンジンを海外に売ろうという活動を始めようとしていたのもこの頃です。しかし「はやぶさ」の「μ10」の推進力は8ミリニュートン。これは1円玉の8割を動かす力しか出せない。せめて10ミリニュートンに増強できれば海外の大型衛星に搭載してもらえる可能性があるわけです。その商用化というモチベーションもありました。

山根　NECのイオンエンジンといえば、当時は堀内康男さん。國中さんとは大学の同じ研究室出身で「はやぶさ」を支えた功労者。映画でも堀内さんがモデルの登場人物が大活躍でした。

西山　その堀内さんと技術的な改良テーマを煮詰めていたんですが、そのひとつが「10ミリニュートン化」だったんです。世界への販売にはまだ課題がありますが、その「10ミリニュートン化」の研究成果が「はやぶさ2」に活かされることになったんです。

山根　8ミリニュートンが10ミリニュートンへということは、「はやぶさ2」は推進力が25パーセントアップした？

西山　そうです。先ほど触れたガスの入れ方の工夫で増強できたんです。少人数でこういうことができるのが、私たちの研究室の面白いところなんですよ。大型ロケット用のエンジン開発では巨大プロジェクトになるので、とてもこうはいきません。私たちは数人で、ちょこちょこと手を動かして実験を繰り返し、アイデアを出しあって成果を得ることができれば、数年後には探査機を大宇宙航海へと送り出せるという楽しさがあるんです。

山根　ガスの入れ方の工夫についてもう少し詳しく聞かせて。

西山　磁石と磁石の間に噴射口を追加しました。イオンエンジンの内部では永久磁石で磁場を作り、キセノンガスを入れ、そこに電波を浴びせてプラズマを作っているんですが……。

山根　日本の技術力が産み出した最強の永久磁石といわれるネオジム？

西山　いや、ネオジム磁石に次ぐ磁力を持ち、高温でも使える利点があるサマリウムコバルト磁石を使っています。しかし、この部分の改良はあれこれやったがうまくいかない。そこで学生に「磁石と磁石の間の壁に穴を開けて、キセノンガスをプラズマの濃い部分に直接噴きつけるようにしてみたらどうか」とアイデアを出したんです。学生がそれをやってみたところ、うまくいったんですよ。ガスの入れ方次第ではとんでもなく性能が落ちることが多いので自信はなかったんですが、ラッキーでした。当初試みた「磁場を変えたらいいのでは」という提案もあったんですが、結果的にはハズレでした。

山根　それ、どなたの提案？

西山　……。

山根　ひょっとして師匠の國中先生？

西山　中和器の寿命を長くしたのは國中先生の秀逸なアイデアによるんです。

山根　うむ、質問の答えをはぐらかされたか（笑い）。

西山　「μ10」の25パーセントの出力アップへの手応えが得られたので、学生が卒業してからは、さらに855個の穴が開いている、3枚重ねのグリッド（電極）を薄くする試みに手をつけました。

山根　イオンビームがぶつかって消耗が激しい部分でしょう？　薄くしたら大変では？

西山　薄くしすぎると振動環境に耐えられなくなるという問題もあるんです。そこで、厚みがあまり重要ではないエンジン内部の1番目、もともとの厚さが1ミリメートルのグリッドを薄くしてみたんです。

山根　最も内側ということは、イオン化したキセノンがいきなりぶつかることが多い位置、ダメージがいちばん大きい部分なのでは？

西山　違うんです。グリッドにはマイナスの電荷をかけてあるので、プラスの電荷を持ったキセノンイオンはもちろんそれに引っ張られて速度を増します。速度を増して855個の穴から外に飛び出して推進力になるわけですが、1枚目のグリッドは、「引っ張られて速度を増す出発点」ゆえ、「速度はゼロ」なんですよ。一番減りやすいのは2枚目のグリッドなんです。

山根　なるほどぉ！

西山　1枚目には1500ボルトの電圧をかけてありますが、そこはイオンの生まれ故郷なのでほぼ速度ゼロ。それが1500ボルトの電圧で「よーい、ドン」。1枚目のグリッドと2枚目の

グリッドの空隙は0・5ミリメートルしかないんですが、この0・5ミリメートルの隙間を駆け抜ける時に一気に秒速45キロメートル（時速16万2000キロメートル）に加速します。

山根　ひぇー、そりゃすごい。

西山　その速度で855個の穴めがけて突進していくんですが、ごくわずか、この2枚目に衝突するイオンがあり、当たるとグリッドが削れてしまう。しかし1枚目は心配ない。

山根　厚さ1ミリメートルの第1グリッドをどれくらい薄く？

西山　薄くすると効率が上がることは國中先生が以前から指摘されていました。そこで、「はやぶさ2」では1ミリメートルから0・8ミリメートルへと、ほんのわずか薄くした。研究室レベルでは0・5ミリメートルまで試してうまくいっていますが、機械強度の観点から控えめの0・8ミリメートルにしました。あと、2枚目のグリッドの855個の穴、ひとつが直径1・8ミリメートルだったのを1・5ミリメートルにしています。これでキセノンガスのいわば燃費が向上。これも、大型の「μ20」の実験でわかったことを「はやぶさ2」で採用した点です。

「はやぶさ」ながら研究

私は、先にも触れたが、2010年6月5日、「はやぶさ」の地球帰還の8日前、3回目の軌道補正（TCM－3）が終わった瞬間の管制室の様子を見ているが、西山さんが川口プロマネに向かって両手で輪をつくり「うまくいった」というサインを出した時のシーンが脳裏に焼きついている。「はやぶさ」がウーメラに帰還できることが確信できた瞬間だった。それにしても、そういう大事な運用をしながら、一方でイオンエンジンの改良研究を続けていたとは驚きだ。

山根　エンジンの開発研究者が探査機の運用、オペレーションも続けるなんてありえないことでは？

西山　この研究所はそれが特徴ですよね。世界的に見るとまれです。しかし我々は、「作った人が使う人である」という考えなんです。

山根　管制室の隣の部屋のホワイトボードに、運用の当番表が書いてあるのを見て、大変だなぁと思いましたよ。

西山　2ヵ月半に1回、1週間の当番が回ってきていました。「はやぶさ」のミッションが終わってから誰が何時間運用を担当したか集計をしてみたんですが、私が7年間で1600時間超でトップでした。

山根　映画「はやぶさ　遥かなる帰還」では、西山さんの役は蟹江一平さんが「石山君」として演じていましたが、出てくるシーンは管制室の運用のみ。映画を見た人は、あの石山君が一方でイオンエンジンの改良に取り組んでいたなんて思いもよらなかったでしょう。

西山　時期によっては、管制室の卓に座って宇宙を航行中の「はやぶさ」のイオンエンジンの様子をチェックしながら、横に置いたノートパソコンの画面で実験室から送られてくる「μ20」イオンエンジンの無人運転の様子も見ていました。

山根　そんなことをしていたの！

西山　「μ20」を真空装置に入れて試験を始めた当初はけっこう不安定で、エンジンのあちこちが壊れることが多かったんです。ノートパソコンの画面で見る実験室の様子にハラハラしながら、「はやぶさ」の運用当番の日は1日8時間は取り組んでいました。

山根　どっちもハラハラだ！

　２００３年に打ち上げられた「はやぶさ」は、打ち上げ前にイオンエンジン「μ10」の長い耐久試験を続けていたが、改良型の「はやぶさ２」のイオンエンジンは何時間の耐久試験をしたのだろうか？

西山　「はやぶさ２」に搭載したイオンエンジンは１００時間ほどの慣らし運転をしました。

山根　たったの１００時間!?

西山　実機に載せるエンジンの寿命を、試験によって縮めてはいけないですから。

山根　そうか、長期間の耐久試験は、エンジニアリングモデル（実機同様に製造したモデル）を使って行っていたのね。

西山　いや、それもほとんどやっていないです。

山根　どうして？

西山　変更したキセノンガスの入れ方による影響やグリッドの寿命が、計算で予測できる時代になったからです。

山根　観察、実験と並ぶ科学・工学の新しい第三の手法が「シミュレーション」（計算科学）だと言われて久しいですが、それがイオンエンジンにも当てはまる時代になったのかぁ。

西山　イオンエンジンの開発をともに進めてきた大学の専門家と数値計算をした結果、寿命は3万～4万時間であることがわかっています。

この数値計算では、4万時間では電子が逆流を起こし、10万時間ではグリッドの穴が広がり隣の穴とつながることもわかりました。また、855個の穴ひとつひとつについて、運転の条件による吹き出すビームの状態も確認できます。そういう計算を積み重ねた結果、実際の運転試験を行う必要がないことがわかったんです。キセノンガスは非常に高価ですから、1万時間、2万時間の試験ではかなりのコストがかかります。数値計算、シミュレーションは限られた研究開発費の軽減という面でも貢献が大きいんです。

山根　その計算には、スーパーコンピュータを使った？

西山　いや、パソコンでできます。計算速度が速いにこしたことはないが、試験運転に１万８０００時間かけることを考えれば、たとえば計算に１ヵ月かかったとしても有意義です。

山根　「はやぶさ」では、こういうシミュレーションはやっていなかった？

西山　手法としてはあったんですが、当時のパソコンの能力ではデータが重くて、グリッドの穴が削れていく様子を三次元で計算するなんていうことはできなかったですね。

　ビームの軌道がどうなるかをコンピュータで計算できるようになったのは、１９９０年代前半からです。私が所属していた東大の研究室がそのソフトウェアを開発、私が修士課程の学生だった当時、ひとつ下の後輩たちが、グリッドの穴のひとつがどう変化していくか、寿命予測に応用するためのソフトウェア改良に取り組んでいました。

山根　「はやぶさ２」の打ち上げ後も、現在のイオンエンジンの状態がどうなっているかを、随時、計算によってつかめますね。

西山　その必要はありません。打ち上げ前に全工程の計算はし終わっていますから。

山根　そうでしたか、失礼をば（笑い）。

「はやぶさ２」は打ち上げが２０１４年冬で、地球帰還が２０２０年の冬。その６年間に「はやぶさ２」がイオンエンジンを吹く総時間はどれくらいですか？

西山　スケジュール変更で打ち上げが2015年になった場合でも1万4000時間、順調であれば1万時間ですから、十分な余裕があるんです。

山根　「はやぶさ」のイオンエンジンはどれくらい運転したんでしたっけ？

西山　Bが1万時間。Cが1万3000時間、一番長く動いたDが1万5000時間でした。Aのみは7時間でノックアウト。もっとも、そのためスラスタとペアであるAの中和器のほうは、新品同様のままだったんです。それが、地球帰還の7ヵ月前、「中和器A」と「スラスタB」を組み合わせたクロス運転開始後、地球までもってくれて帰還できた理由かもしれません。

山根　そういうことだったんだ！

「温度差」という故障原因

「はやぶさ」のイオンエンジン「μ10」は、1997年から1999年にかけてエンジニアリングモデルで1万8000時間と2万時間の試験運転記録を出している。その実績に自信をもって「はやぶさ」に搭載したはずだった。ところが宇宙航海中に、早くも1万時間で壊れてしまった。いずれも地上試験よりもはるかに寿命が短かった。なぜ、地上での真空装置での試験結果と実際の宇宙では違ったのだろうか。

西山　それを考え始めたのが2009年でした。その頃から宇宙を航行中の「はやぶさ」の中和器の調子が悪くなったが、原因がわからない。そこでまず、2000年から2003年にかけて2万時間の試験をクリアしていた中和器を、遅ればせながら分解して調べたんです。調子が悪くなったため、初めて問題意識をもったんです。2万時間もの耐久試験をトラブルなしでクリアしていたので、試験終了段階で「悪いところはない」と思い込んでいたんですよ。

山根　その試験後、試験機を6年間も放置したままだったの？

西山　ええ。手をつけなかったのは「はやぶさ」の運用で忙しかったこともあります。しかし宇宙でたて続けにトラブルが起こり、これは調べないといけない、開けてみようと。

山根　開けた結果は？

西山　中和器の内部には金属粉がたっぷり入っていて、内壁を覆う後天的に形成されたコーティングも剥がれてポロポロになっていました。蒸着に似たコーティングの原因は、イオンに叩かれて金属が削れる「スパッタリング」という現象です。スパッタリングされて飛び出した金属原子が向かいの壁にコーティングされ、徐々に厚みを増し、ついには剥がれ落ちることで、内部は相当汚れていたわけです。

山根　ありゃ、そんなことが起こっていた。

西山　スラスタのグリッド部でも真空試験装置の内部でも、イオン衝撃によるスパッタリングや堆積物の剝離が起こることはすでにわかっていましたが、中和器の内部でも同様であることを知り愕然としました。その金属の汚れが、マイクロ波導入アンテナにからみついたりコーティングすれば、ショートして電波が出なくなりますから。

スラスタや中和器内に差し込み電波を発するアンテナは、同軸ケーブルの一種だという。テレビ受像器につなぐアンテナのケーブルも同軸ケーブルで、やわらかな樹脂製の被覆の内部に白い樹脂（絶縁体）があり、被覆との間には銅の網状のものが巻いてある。絶縁体の中心には銅の芯線が通っている。イオンエンジンで使うものはセミリジッドタイプと呼ぶ同軸ケーブルで、衛星や通信機で使われているものと同じ。被覆は銅のパイプ状で、内部の絶縁体はテフロン製、芯線はメッキされた銅線だ。スラスタや中和器では、その芯線の先を1～2センチメートル延長するような別部品を接続して、アンテナとしているのだという。

山根　アンテナ、ずいぶん簡単な構造ですね。そのアンテナ部分に金属粉が付着すれば糞詰まり状態となり、電波が出なくなったのだろう、と?

西山　そのケーブルの絶縁体部分が金属で覆われると、電波が出なくなる弱点があることはわかりましたが、2万時間の地上試験では電波が出なくなることはなかった。それに、2万時間もの

運転が達成できたのは、中和器もスラスタも、このアンテナ部分が「キセノンのイオンに叩かれ常にクリーニングされているため」性能が劣化しなかったからだと理解していたんです。

しかし、開けてみたところ内部は金属粉だらけ。アンテナの絶縁体部分も、金属粉の付き方次第では「クリーニング」されるのではなく、金属原子の「付着」が卓越するのだとわかった。内部には磁石があるため、鉄を含んだ金属粉が磁気をおびて、磁場に引っ張られて変なところに付着するということも起こっていましたが。

山根　結局、「はやぶさ」ではトラブルが多かった最大の原因は何だった？

西山　「温度」が問題だったんです。「はやぶさ」の宇宙航行中、イオンエンジンの運転は毎週火曜日に止めていました。軌道決定や軌道計画の確認をするためです。一度止めて、計算をし直して、新たな軌道計画を行い、次の1週間の「イトカワ」への軌道を決めていましたから。

山根　それと温度の関係は？

西山　宇宙ですから運転時と休止時では１００℃以上の温度差があったんです。その大きな温度差が金属粉の「付着」と「剥がれ」に関係していることがわかった。地上の真空装置内の試験では、温度はずっと一定のままで、温度差による影響を確認する試験はしていなかったんです。

そこで「はやぶさ2」のイオンエンジンの中和器では、汚れが発生するスピードを抑えるため、磁場の磁力を2割増強することで、プラズマをうまく閉じ込めて、イオンに壁が叩かれる度合を抑える工夫をしました。この磁場増強のため、8個の磁石を9個に増やすとともに、軟鉄の磁気回路形状も改良しています。

山根　「はやぶさ」では、苦し紛れに「生ガス噴射」というとんでもないことをしましたね。音信不通だった「はやぶさ」とやっと通信が回復できたあとの2006年1月、姿勢制御に不安があるため、太陽電池パドルを太陽に向け、地球方向にアンテナを向ける必要があった。そのための姿勢変更の手段として、中和器からキセノンガスを生のまま噴いた。あれは、どなたの発想だったんですか？

西山　私の先輩である准教授の船木一幸さんです。

山根　よく、あんなことを思いつきましたね。エンジンが故障したクルマを進ませるために、マフラーから生のガソリンを吹き出すようなことでしょう。

西山　噴射するものがもはやキセノンガスしかなかったわけですから、遅かれ早かれ誰かが言い出したのではと思いますが、苦し紛れもいいところです。

山根　そのシミュレーションはしていましたか？

西山　していませんが、おおよその推進力は通常のイオンエンジンの運転の1000分の1ほどですね。

イオンエンジンの推進力はごくごく小さいが、あの生ガス噴射がその１０００分の1だったとは驚いた。「はやぶさ」はそれによって見事回復をとげることになったが、「はやぶさ２」では「クロス運転」も「生ガス噴射」もないまま6年間、イオンエンジンを運転し続けてくれることを祈るばかりだ。

尖った信号

「はやぶさ」の地球帰還予定日を23日後にひかえた２０１０年5月21日、午前6時58分22秒、種子島宇宙センターからＨ‐ⅡＡロケット17号機が打ち上げられた。

私は、前作である『小惑星探査機はやぶさの大冒険』の執筆の追い込みに入っていたのだが、この打ち上げはぜひとも見守りたいと、同書の編集担当者、粕谷大介さんと種子島へと向かった。Ｈ‐ⅡＡロケット17号機には、「はやぶさ」と同じ宇宙科学研究所相模原キャンパス生まれの金星探査機「あかつき」が搭載されていたからだ（「はやぶさ」の帰還時の所管はＪＡＸＡ・ＪＳＰＥＣ、「あかつき」はＪＡＸＡ・宇宙科学研究所と異なるが）。日本初の金星探査機ゆえ人々の期待は高く、また相模原からの搬出の直前にクリーンルーム内で機体を間近でじっくり見せてもらっていたこともあり、この打ち上げは見逃せなかった。

２００３年5月、「はやぶさ」が打ち上げられた時、太陽系の宇宙空間には同じ相模原生まれの火星探査機「のぞみ」が航行中だった（後に通信が途絶）。それから7年、「はやぶさ」が地球帰還を間近にしたこの日、「あかつき」が打ち上げられたのだ。「はやぶさ」は、地球出発直後と帰還直前に、兄弟（姉妹？）と同じ宇宙空間を飛翔していたのだ。早朝の打ち上げは見事なもので、その後、「あかつき」は金星をめざして順調な航行を続けた。

「あかつき」の打ち上げから半年後、私は長野県佐久市の深い山中にあるＪＡＸＡ臼田宇宙空間観測所を訪ねた。直径64メートル、総重量２０００トンという大型パラボラアンテナがあるここは、７年間にわたり「はやぶさ」との通信を続けた地球局のひとつだ。「はやぶさ2」の通信も担う。スタッフは、通信が途絶し行方不明となった「はやぶさ」からの信号を片時もモニターから眼を離さず探し続ける「地獄のような毎日」を送り、ついに細々とした信号をとらえる。行方不明から46日ぶりにか細い信号を送ってきた「はやぶさ」だった。ここは、「はやぶさ」の蘇りを支えた場所でもあるのだ。

担当の山本善一さん（宇宙科学研究所教授）に、その「はやぶさ」からの信号をやっととらえたモニターを見せてもらったが、そこには、中心にひときわ高く尖った山型の線が上下していた。それは、金星到着を1ヵ月後にひかえた「あかつき」からの信号だった。「あかつき」は元気に金星へ向かっている！

その翌月の12月7日、金星に接近していた「あかつき」は、いよいよ金星観測のために必要な

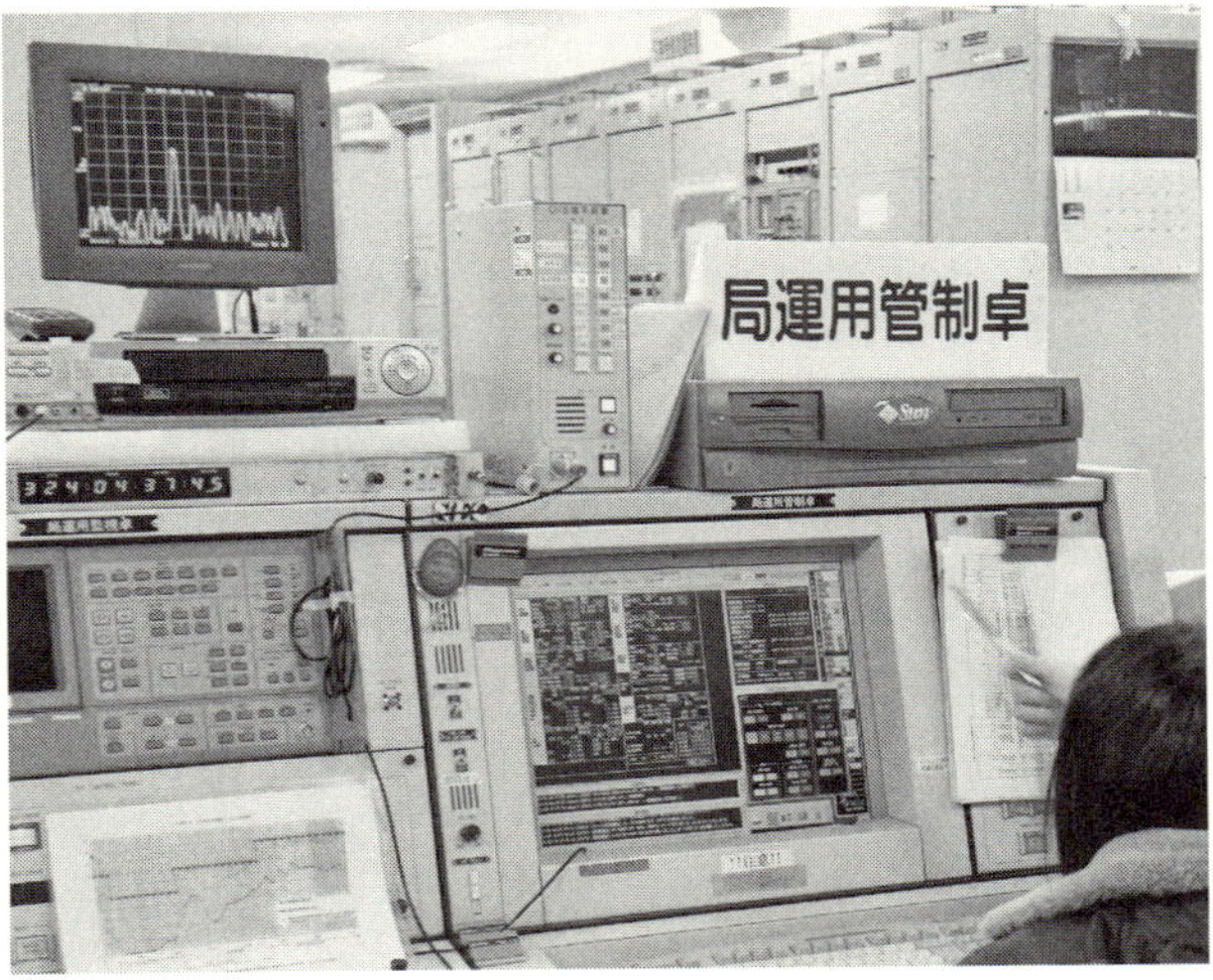

Fig6.2　上・臼田宇宙空間観測所の大型パラボラアンテナ。下・写真の左上モニターが「あかつき」の信号をとらえていた。〈写真・山根一眞〉

金星周回軌道に入る日を迎えた。その様子はウェブ上で中継され、子供たちや宇宙ファンが固唾を飲んで見守った。地球と反対側の金星の陰に入った「あかつき」は一時通信が途絶、22分後にふたたび地球が見える位置に出て信号を送ってくるはずだった。その信号を受信すれば金星周回軌道投入に成功したことになり、観測が本格化する。だが、予定時間を過ぎても信号は届かなかった。中継の担当者は困惑の表情で言葉を濁したまま中継は終了した。「あかつき」は「化学推進エンジン」に重大トラブルを起こしていたのだ。

このトラブルは、準備が佳境に入っていた「はやぶさ2」のチームにとっても衝撃的なできごとだった。「はやぶさ」も化学推進エンジンが壊れ危機に陥った経験から、その改良は「はやぶさ2」にとって至上課題だったからだ。

100分の1秒の「ピッ」

「はやぶさ」のプロジェクトマネージャー、川口淳一郎さんによれば、世界で起こっているロケット、人工衛星のトラブルのほぼ90パーセントが、この化学推進エンジン系、そしてリアクションホイール系（「はやぶさ」では3個のうち2個が故障）と電源系なのだという。

では、化学推進エンジンとはどういうものなのだろう。

化学推進エンジンは「姿勢制御装置＝ＲＣＳ（Reaction Control System）」と呼ばれるよう

に、人工衛星や探査機がきめ細かに姿勢を変えるために欠かせないものだ。「はやぶさ」でも「あかつき」でも、サイコロ型をした本体の、おもに角の部分にごく小さなラッパ型のもの（スラスタ）があり、ここからごく短時間、「ピッ」とガスを噴射して姿勢を変える。上の部分のスラスタが一斉にガスを吹けば、探査機はグンと下に下がる、右下と左下のスラスタを同時に吹けば、探査機はクルリと回る、というふうに。「はやぶさ」も「あかつき」も、もちろん「はやぶさ2」でもこれは必須装備で、いずれも12基を装備。

大きな化学推進エンジンもある。大きなラッパ型のスラスタからガスを噴射し続けることで、人工衛星や探査機を推進させる。つまり「主エンジン」だ。「はやぶさ」も「はやぶさ2」もイオンエンジンが主推進機関なので装備していないが、「あかつき」はこれを主推進機関にしていた。

化学推進エンジンの燃料は「ヒドラジン」という化学物質だが、その使い方には2種がある。ひとつは、ヒドラジンを触媒に接触させて起こる激しい化学反応を利用するもので、これで生じる熱いガスをスラスタから吹き推進力とするタイプ（「1液式スラスタ」と呼ぶ）。もうひとつは、ヒドラジンが酸化剤（塩化二窒素）と接触するだけで発火する反応（自己着火性）を利用するタイプ（「2液式スラスタ」と呼ぶ）だ。

「1液式」は比推力（燃費）がよくないうえ、「発射ＯＮ！」と指示して噴くまでの時間も少しかかる。

「2液式」は比推力が高く、「発射ON！」と指示するなり即、噴いてくれる俊敏性があり、またごくごく短い時間だけ「シュッ」と噴くことができる特徴がある。

小惑星への着地などきわめて正確で緻密な姿勢制御が必要だった「はやぶさ」は、これのみを搭載していた。開発は三菱重工業長崎造船所。「はやぶさ」は100分の2秒間だけ「ピッ」と、強力にジェットを吹くことができるエンジンを12基搭載していたのだ。しかも、実際の運用では壊れたリアクションホイールの代わりもしたため、100分の1秒以下の噴射も行っていた。

最初の燃料漏れ

この化学推進エンジンが、「はやぶさ」では燃料漏れによって全損したことがわかっていたが、「あかつき」の故障の原因解明にはだいぶ時間がかかったものの、後に配管の「弁」に問題があったことが明らかにされた。

「はやぶさ2」では、「はやぶさ」でのトラブルを教訓に化学推進エンジンの改良を進めていたが、それに「あかつき」の教訓を加える必要が出たのだ。この「はやぶさ2」のRCSの改良を担当した森治さんに聞いた。

森治さん（もり・おさむ）

１９７３年、名古屋生まれ。高校時代に「自分は日本で一番宇宙をやりたい」と口にしていた。１９９７年、東京工業大学工学部機械宇宙学科卒、１９９９年、同大学院理工学研究科機械物理工学専攻修了。同大学助手。動力学・制御が専門で、２００１年、ソーラー電力セイルの計画検討開始時から参加、２００３年、宇宙科学研究所に異動しこの計画の中心メンバーとして携わりながら「はやぶさ」の運用スーパーバイザーも担当、その時間は１０００時間を超えた。２０１０年、金星探査機「あかつき」とともに打ち上げられた小型ソーラー電力セイル実証機「ＩＫＡＲＯＳ」をリーダーとして成功させた。助教、博士（工学）。

山根　まず、「はやぶさ」のＲＣＳで起こった燃料漏れの経緯から伺いたいんですが。

森　「はやぶさ」の「イトカワ」への2回目のタッチダウン直後に起こったんです。タッチダウンのあと、ＲＣＳを使い上昇、静止させる時に最初の燃料漏れが起こったんです。「はやぶさ」は上へと向かっているので、それを止めるために上向きのスラスタを噴いた。いわばブレーキをかけたわけです。スラスタは12基ありますが、じつは2系統に分けてあるんです。番号でいうと、A系が奇数番号の「1、3、5、7、9、11」の6基、B系は偶数番号の「2、4、6、8、10、12」の6基です。

山根　どうして2系統に分けたんですか？

森　万が一、どちらかの系統がトラブルを起こしても、もう一方の系統だけで最小限の対応をするためです（冗長系）。

山根　最初にトラブルを起こしたのはどちら？

森　B系のスラスタ2番です。

山根　そこで何が起こった？

森　「はやぶさ」のRCSは「2液式」です。ガスを噴く時には、スラスタの直前にある燃料と酸化剤の両方の「弁」（推薬弁）を同時に開いて2つのガスを混合、着火させているんですが、トラブルの原因はスラスタ2番の推薬弁かその直前の配管が破れたのだろう、と。スラスタ2番の周辺の温度の低下などから、そう考えたんです。

山根　その時はどう対処を？

森　姿勢制御のためのスラスタがトラブルを起こすと「はやぶさ」は姿勢が乱れます。しかし「はやぶさ」は、姿勢が乱れると自律機能が働き安定なスピン（回転）状態となるようにしてあ

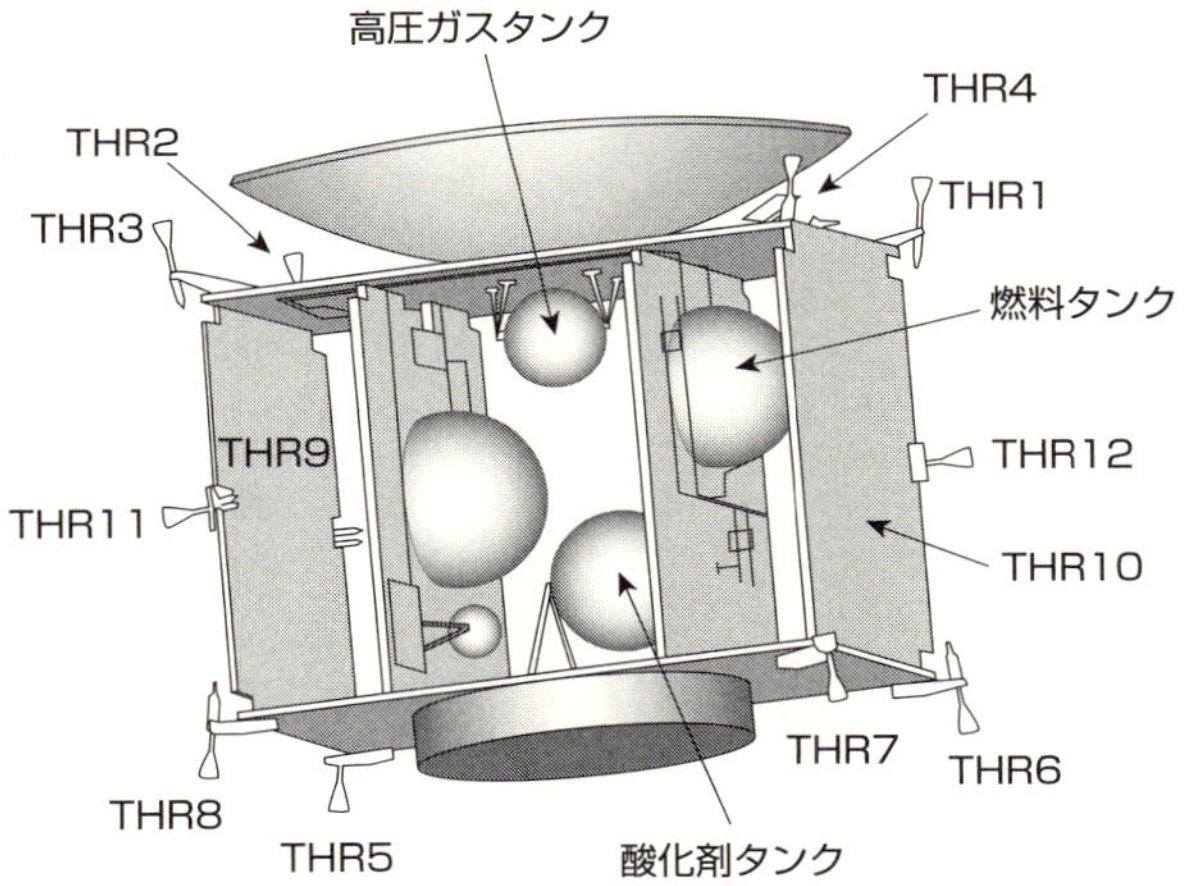

Fig6.3 「はやぶさ」に搭載された12基の化学推進エンジン（THRという略称で番号が振られている）〈資料・JAXA〉

るため、姿勢はほぼ安定しました。「はやぶさ」は自分で考えてつねに安定した状態になる機能をもったロボットですからね。運用チームは、そこで、「A系」と「B系」の元の部分にある「弁」（2液用ラッチングバルブ）をどちらも閉じ、燃料漏れが止まったことを確認しました。この日は、ここで運用終了。「はやぶさ」と地球との位置関係から通信可能時間には制限があるためです。そして翌日、私はスーパーバイザーとして運用に入ったんですが、これが結構シビアでね。焦りましたよ。

夢に出るトラウマ

山根　何が起こった？

森　前日の運用でA系とB系どちらも弁を閉

じたため、「はやぶさ」はごくごくゆっくりと「イトカワ」に向かって下降していたんです。

山根　そのままじゃ「イトカワ」に墜落だ。

森　そこで、この日の運用では、「はやぶさ」が「イトカワ」に落ちないよう上昇させることが最低限の任務となったんです。まずは、その「上昇」のためのテストからとりかかりました。ただし、スラスタ2番を含むB系は燃料漏れがあったのでもはや使えないため、A系の弁（2液用ラッチングバルブ）を開け、下向きのスラスタで噴射試験をしました。これで「はやぶさ」は上向きの速度を得て上昇するわけです。ところが送られてきたデータを見て、呆然です。A系の下向きのスラスタを噴いたのに速度はほとんど変わらず、いや、むしろ若干下向きに加速していたんです。わけがわかりませんでしたよ。

ここで緊急会議が開かれ検討して得た結論には、頭から血の気が引く思いでした。「スラスタ2番の燃料漏れの影響でA系の配管の一部が凍結している」という結論だったからです。つまり、配管の凍結で燃料が十分に送られず、A系の下向きのスラスタがバランスよく噴けていない。当然、「はやぶさ」は姿勢が乱れます。そこで「はやぶさ」は自律機能で、これを修正しようとA系の上向き等のスラスタも噴いた。これらの組み合わせなどの結果、「はやぶさ」は下向きの速度を得たのだろうと。

山根　配管が凍結していると、どうしてわかったんですか？

森　配管の温度のデータを確認してわかりました。通常はヒーターで温めているので配管部分は20℃以上なんです。ところが温度は0℃以下。そこで、凍結している配管周辺のヒーター温度を最大限上げて、解凍した後に噴射することにしました。しかしこの方針が決まった時点で、この日の臼田宇宙空間観測所の運用時間は残りわずか。前日同様、地球は自転しているので臼田のアンテナを「はやぶさ」に向けて通信できる時間には制約があるからです。

山根　「はやぶさ」との通信は、ＮＡＳＡの協力でアメリカ本土、豪州、それにスペインにあるアンテナによるＮＡＳＡの通信ネットワーク、ＤＳＮ（Deep Space Network）を使えることになっていたでしょう？

森　ＮＡＳＡのＤＳＮの利用は事前の調整が必要で、急には使えないんですよ。ＮＡＳＡも多くの探査機を運用していますから。そこで、ゆっくりとゆっくりと「イトカワ」に向かって降下している「はやぶさ」が、「イトカワ」に墜落するまでの時間を計算し、墜落直前にスラスタが最大噴射するコマンドを「はやぶさ」に送り、この日の運用を終えたんです。

山根　もし、最大噴射ができなかったら「はやぶさ」は墜落……、という不安を抱えて一晩を過ごしていた？

森　そうです。翌日、運用を開始したところ、「はやぶさ」からの電波を受信できなかった。

山根　ありゃー。

森　今でもそれがトラウマで、夢に出てきます。

山根　「はやぶさ」は「イトカワ」に墜落し死んでしまったんだと？

森　いや、配管の解凍が間に合わないうちに最大噴射したため、姿勢を乱して通信できなくなったと推定しました。前日、「墜落直前にスラスタを最大噴射しろ」というコマンドを打たなければよかったとすごく後悔しました。「はやぶさ」は、「イトカワ」への着陸を何度か失敗していましたから、たとえ狙っても簡単には着地はできない、つまり墜落する可能性は低かったんです。「イトカワ」は重力（引力）が小さいですから、「はやぶさ」が「イトカワ」の横をすりぬけて通過する可能性にかけたほうがよかったと……。

山根　あのまま降下すれば墜落したか、しなかったかは、神様のみ知るだなぁ。

ケチった理由

森　幸い、2日後には「はやぶさ」の姿勢が戻り、通信が再開できました。そこでデータを取り寄せたところ、もはやスラスタすべてが使えない状態になっていたんですよ。

山根　運用室は呆然だったでしょう。どうして、それがわかったんですか？

森　燃料タンクの圧力がほぼゼロとなっていましたから。しかも、A系とB系の弁（2液式ラッチングバルブ）は、どちらも作動しませんでした。

山根　いったい、何が起こっていたんですか？

森　あくまで推定ですが、まず、「はやぶさ」は何らかの原因で安定した姿勢を喪失。太陽電池パドルが太陽からそれたため発電不足となりヒーターの電力が不足、燃料を凍結させてしまった。その後、姿勢復帰とともに電力が回復。ヒーターが働き配管内で凍結していた燃料の解凍が始まった。しかしそれが急激だったために配管や2液式ラッチングバルブが破断、燃料が漏れ出してしまった。

山根　冷凍した魚を電子レンジで急激に加熱すれば、細胞内で凍っていた水が沸騰し細胞膜を破るため、魚肉はぐちゅぐちゅになって食べられたものじゃない、と、同じことか。そのあとの「はやぶさ」は？

森　何度か姿勢を乱し、ついに電波が受信できなくなりました。

山根　その原因は？

森　「はやぶさ」内部に付着していた漏れた燃料が探査機の外に放出、その放出時の力で姿勢が乱れたと考えられています。こうして「はやぶさ」は行方不明、音信不通になり、通信再開までに1ヵ月半を要したわけです。あの時、最大噴射のコマンドを送信せず、配管をゆっくりと確実に温めていればA系は生き残り、地球帰還はずっと楽だったかもしれないと、ずっと考え続けてきました。

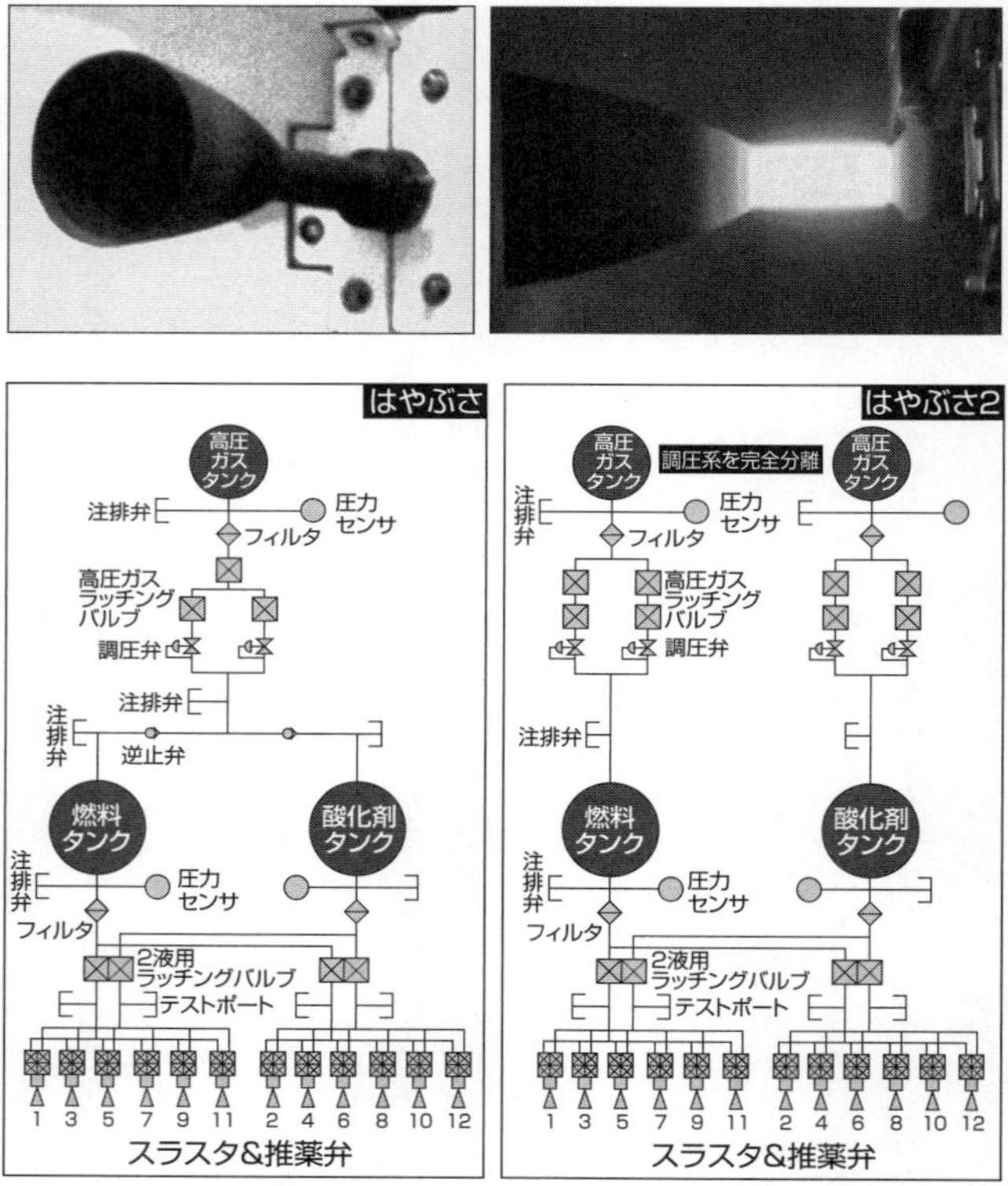

Fig6.4 「はやぶさ2」で改良された化学推進エンジン〈JAXA資料より〉
写真上左・「はやぶさ」の化学推進エンジンのスラスタ〈写真・山根一眞〉
写真上右・赤熱する試験中のスラスタ〈写真・JAXA〉
図・「はやぶさ」から「はやぶさ2」への化学推進エンジン構成の変更
〈JAXA資料をもとに著者が作図〉

山根　しかし、それでも「はやぶさ」は帰ってきた。

森　そうです、「はやぶさ」はすごいです。あれほどの危機に遭いながらも地球帰還を果たしたんですから。RCSに限らず「はやぶさ」でトラブルが発生したときには、不思議とその機器の担当者が運用に入っていたんです。困難の連続の中でメーカーのエンジニアとも一体になったチームがベストを尽くしたことが、「はやぶさ」の地球帰還につながったんです。このチーム力が、「はやぶさ2」にも引き継がれているんですよ。

山根　いい話だな。という重い経験をもとに「はやぶさ2」の化学推進エンジンはどう改善を？

森　「はやぶさ」では、B系のスラスタ2番で起こった燃料漏れが、A系の配管の凍結を引き起こしたんです。噴き出した燃料の気化熱で急激な温度低下が起こったからです。どうしてこうなったのかといえば、A系の配管とB系の配管が熱的につながっていたためです。A系の温度とB系の温度が同じになるよう両配管が接触した構造にしてあったからです。

山根　どうしてそんな構造に？

森　探査機内を温めるヒーターのチャンネル数が128だったからです。

山根　ミニ電気ストーブが128個って、かなり多い？

森　いや、全然足りないんです。128の中でも推進系に割り振られているのは50以下でしたから。全然足りないために、A系の配管とB系のそれぞれ口径5ミリメートルの配管を接近させて、数少ないヒーターを共有していたんです。

山根　どうしてヒーターをケチっていたの？

森　ひとつはコストの問題です、予算が限られていましたから。もうひとつは、ヒーターのチャンネルを増やせば増やすほど設計が複雑になり、しかも重量が増えてしまう。「はやぶさ」は厳しい重量制限で組み上げていますから。

そこで「はやぶさ2」では、A系の配管とB系の配管が熱的に影響しない配置に変更。それぞれ独立して熱制御できるようにしました。これは人工衛星では一般的な設計で、むしろ「はやぶさ」が特殊だったんです。ヒーターチャンネルも倍増しています。

「ダサい」最善策

山根　同じRCSがトラブルを起こした「あかつき」の教訓は？

森　「あかつき」は1液式と2液式の2つのRCSを搭載していますが、2液式は「はやぶさ」と同じですので大きな教訓を得ましたよ。

山根　「あかつき」のトラブルはどういうものだったんですか？

森　燃料タンクと酸化剤タンクの内部には、上にある高圧ガスタンクからヘリウムガスを送り込んでいるんです。

山根　目的は？

森　無重力空間では、タンク内の燃料も酸化剤もふわふわと浮いて、確実にスラスタへと送り出せないからです。そこで、高圧のヘリウムガスで燃料や酸化剤を、いわば押しつけている。その圧力のおかげで、燃料と酸化剤を確実にスラスタに送ることができる。ところが、燃料と酸化剤の蒸気が、ヘリウムガスが送られてくる配管へと逆流したんです。ヘリウムタンクは1つなので、その配管は途中で燃料行きと酸化剤行きに分岐しているんですが、その分岐点にまで遡ったそれぞれの蒸気が、そこで出会ったんです。両者が出会い、酸とアルカリの化学反応で「塩《えん》」の結晶ができ、その固形物が「逆止弁」を詰まらせてしまった。

山根　そんなことが起こるものなんですか？

森　ＮＡＳＡも同様のトラブルで火星探査機を失っているんですよ。その逆止弁が詰まった結果、下の2つのタンクに送るヘリウムガスの圧力に偏りが起こり、スラスタに噴く燃料と酸化剤の混合比が変わり、正常に燃焼しなくなった。

山根　「あかつき」ではスラスタが吹き飛ばされたそうですが？

森　燃料と酸化剤が適切な比率で燃焼しなかったため異常高温となり、その結果としてノズルが吹っ飛ばされてしまったんです。

山根　いやはや、ＲＣＳは難しい。

森　こういうことが起こらないよう、「はやぶさ2」ではヘリウムの高圧ガスタンクを2つに分け、燃料と酸化剤の蒸気が上っていっても混ざらないよう変更しました。もっとも、これは「ダサい」やり方なんですがね。

山根　何が「ダサい」の？

森　弁の数がめちゃくちゃ増えますし、ヘリウムのタンクも2倍になりますから。そもそもヘリウムを入れるタンク内は20メガパスカル（200気圧）もあるんです。圧力が高いだけに配管からガスが漏れるリスクも大きくなるからです。

山根　高圧ガスタンク1つで逆流を防ぎ「出会い系」を排除することは無理？

森　燃料と酸化剤の蒸気の逆流を最小限にし、「塩」ができるのを避けることは、基礎データがあれば可能です。実験を積み重ねて計算すれば、高圧ガスタンクを1つとする道は得られたはずなんです。ある頻度でガス抜きをしていれば、そのトラブルは防げるという運用上のノウハウもあるはずですし。NASAはそういうデータをたくさん持っていますね、数多くの失敗を経験していますから。

しかし「はやぶさ2」のプロジェクトでは、そのノウハウを得るための取り組み、実験や検証をしていたのでは打ち上げに間に合わない。そこで「あかつき」の事故を受けて、急遽、配管系統を2つにする「ダサい」、しかし確実で安全な方法で対応したんです。

山根　口径5ミリメートルの配管ネットワークを確実、安全に構築していくのは神経を遣う仕事だったでしょうね。

森　ＲＣＳは非常に繊細、精密な装置です。製造時にごく小さなゴミが混じってもいけない。探査機をクリーンルームで組み立てる理由もそこにあるんですが、なにせガスが通る「弁」の穴の大きさはせいぜい1ミリメートルなんですよ。製造時にごくごく小さなゴミでも入り込めば弁に詰まりを起こすおそれがあるため、その小さなゴミ対策も徹底しました。そのほかにも、電気系統の配線接続部分を万一の際にも接触不良が起こらないよう確実なコネクターでつなぐとか、考えられうる改良点を最大限取り込みました。

山根　私ね、宇宙機はトラブルが起こっても地上の機械のように直接修理ができないので、厳しさははるかに大きい。そこで、「１つの成功は10の進化をもたらすが、１つの失敗は１００の進化をもたらす」という「教訓」を作ったんです。これは、Ｈ－Ⅱロケットの失敗を徹底解明してＨ－ⅡＡロケットを開発した経緯を知ったからなんです。

森　海外でもＲＣＳのトラブルは多いんです。アメリカもそういう数多くのトラブルを経験してきたからこそ、対処するノウハウが蓄積されていったんです。それと比べると日本はまだ十分な経験がないんですよ。でも、「はやぶさ」や「あかつき」の厳しい経験は、日本にはなかったノウハウの蓄積につながったわけで、そのおかげで「はやぶさ2」を作ることができたんだと受け止めています。なので、私にとっては、「はやぶさ2」は「はやぶさ」のリベンジの場なんですよ。

第7章

小惑星行きの宅配便

おいしいメニュー選び

「はやぶさ」は、小惑星にタッチダウンし、そのかけらを地球に持ち帰る技術を確立するための「工学技術実証探査機」だった。だが「はやぶさ2」は、「工学技術実証探査機」ではない。科学目的達成が使命の「小惑星観測&サンプルお持ち帰り機」だ（小惑星往復など「はやぶさ」が経験した困難の大きさを考えると「厳しすぎる」と思うが）。私たちにとっては、無事に小惑星往復を果たしてくれるだけでいいと思うが、「はやぶさ2」に期待をかける科学者（理学）チームは、それだけでは許してくれそうにない。それだけに「工学チーム」が負っている荷は重い。

「はやぶさ2」は、プロジェクトマネージャーの國中均さん、サブマネージャーの稲場典康さん、プロジェクトシニアエンジニアの倉岡今朝年さん、ミッションマネージャーの吉川真さんという司令部のもと、「理学チーム」と「工学チーム」がクルマの両輪としてプロジェクトを準備し「はやぶさ2」を運用する体制だ。そのため各「ミッション機器チーム」も工学と理学の混成チームで、ともに研究開発をしながら準備を続けてきた点が「はやぶさ」と異なる。当然、それらの成果を受けて、あるいは助言を得ながら、ともに観測機器などの開発、製造を行ってきたメーカーも数多い。ちなみに、おもな企業だけでもおよそ200社、小さなパーツも含めれば数千社になるだろう。

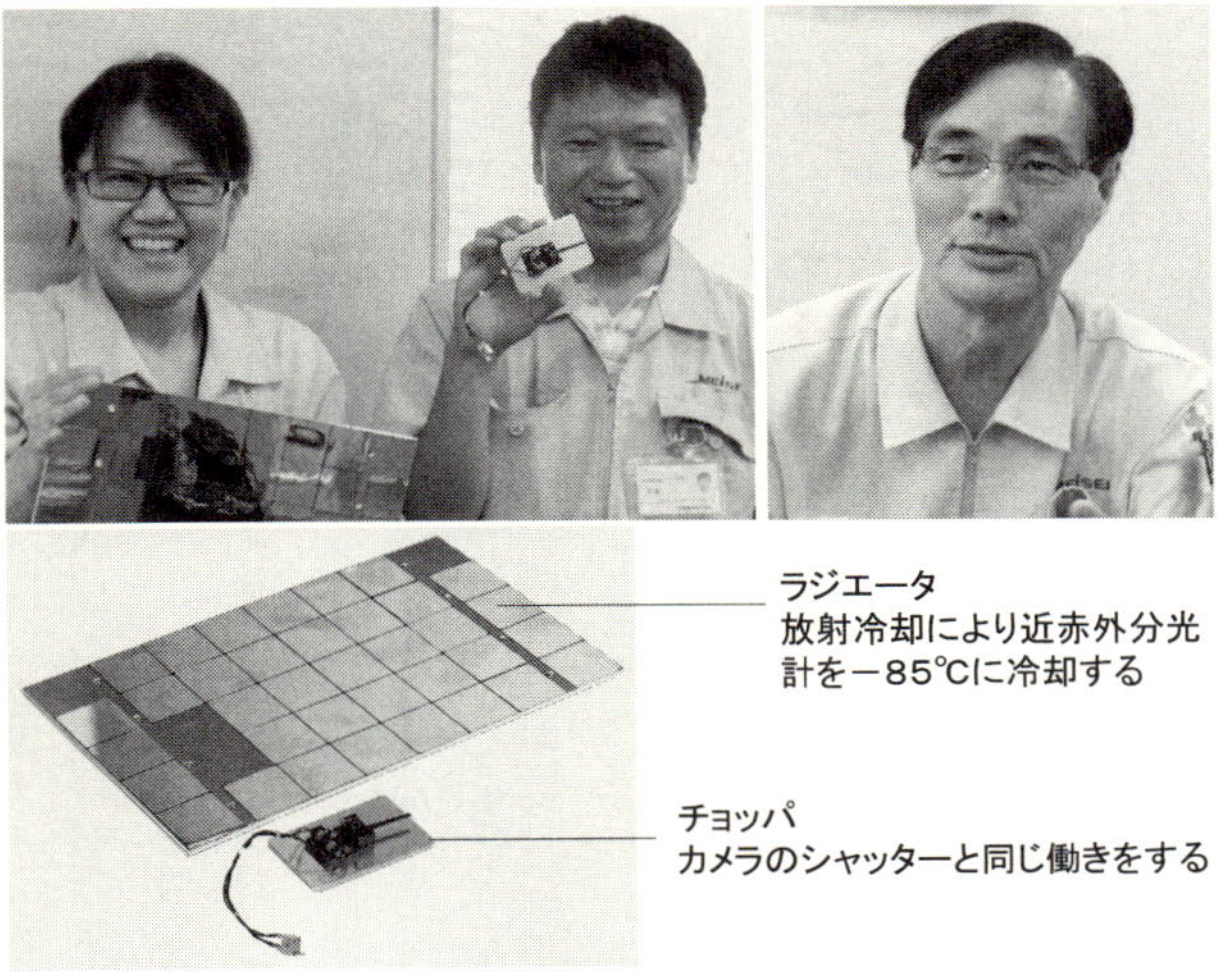
ラジエータ
放射冷却により近赤外分光計を−85℃に冷却する
チョッパ
カメラのシャッターと同じ働きをする

Fig7.1　写真上・（左から）明星電気でNIRS3の開発に携わった坂田祐子さん、村尾一さん、技師長の田口孝治さん　写真下・NIRS3試験モデルの一部〈写真・山根一眞〉

日本の宇宙開発の黎明期から観測機器を中心に開発製造を担ってきた明星電気（本社・群馬県伊勢崎市）もその一社だ。気象観測装置では広く知られているメーカーだが、月周回衛星「かぐや」が感動的な月面のハイビジョン映像を送ってきたあのカメラは、明星電気がＮＨＫとともに開発したものなのである。そして、「はやぶさ2」では「近赤外分光計」（ＮＩＲＳ3）を担当した。

「はやぶさ2」は小惑星に有機物や水を含む鉱物（含水鉱物）を得てくることが大きな課題だ。そのため「はやぶさ2」は小惑星の表面にむやみやたらにタッチダウンしてサンプルを得るのではなく、レストランの料理サンプルを見て注文を決めるように、あらかじめその鉱物があるおいしそうな場所を上空から確認してタッチポイントを決める必要がある。小惑星の表面にある水酸基や水の分子を含む鉱物は、太陽の光を受けると近赤外線（波長3マイクロメートル）を吸収する。そのため、小惑星が太陽の光を反射して得られる反射スペクトルでは、波長約3ミクロンの光が減少している。それを上空からとらえるセンサーが近赤外分光計だ。

離れたところから赤外線をとらえるセンサーは多く、空港の検疫で鳥インフルエンザやエボラ出血熱を食い止めるため、発熱した乗客をチェックするカメラも赤外線センサーだ。もっとも、「はやぶさ2」搭載の近赤外分光計は、高度1キロメートル上空から2メートルの範囲を識別するという高い空間分解能を持つ。また、わずかな赤外線ノイズも減らすためにマイナス85℃からマイナス70℃に冷却されているのだが、それでも観測したデータにはノイズが多く混じってしまう。そのため、有用なデータのみを拾い出すソフトウェアも必要だった。

この近赤外分光計は会津大学の北里宏平さん、宇宙研の岩田隆浩さんを中心に研究開発が行われたが、製造メーカーの明星電気での最後の調整に協力したのが、東北大学の中村智樹さんを中心とする岩石グループだった。中村さんらは小惑星にあるものと同じと考えられる含水鉱物を含む隕石を同社に持ち込み、乳鉢ですりつぶしてサンプルを作っては近赤外分光計で測定する、という作業を1週間続け、エンジニアたちと精度を高めていったのである。

「はやぶさ2」が「工学」と「科学」というクルマの両輪で作られてきたのは、こういうことなのだ。

その車輪のひとつ「工学チーム」を統括するのが津田雄一さんだ。

津田さんは「はやぶさ」の運用を担い、また小型ソーラー電力セイル実証機「イカロス」でも大きな貢献をしてきた。私は「イカロス」の打ち上げ前に津田さんに会い、広げると14メートル四方にもなる「帆」を、打ち上げ時にどう円環状態に巻いたかを聞いている。薄膜の帆を宇宙空間でひっかからず円滑に展開できるように巻くのはきわめて難解な課題だったが、津田さんのアイデアが活かされて成功できた。そこで私は、宇宙研生まれのアンテナ展開法「ミウラ折り」に因み、それを「ツダ巻」と命名したのだが、「はやぶさ2」ではその津田さんが「工学」のまとめ役なのである。

津田雄一さん（つだ・ゆういち）

１９７５年広島生まれ、相模原市育ち。東京大学に入学、工学部航空宇宙工学科中須賀研究室に所属、２００３年、世界初のカンサット（10センチメートル角の超小型衛星）XI-Ⅳのプロジェクトマネージャーとして打ち上げに成功の後、宇宙科学研究所に入所。すぐ「はやぶさ」の打ち上げに立ち合う。「はやぶさ」の運用（スーパーバイザー）や「イカロス」の開発に携わる。「はやぶさ2」ではプロジェクトエンジニア。宇宙飛翔工学研究系准教授、博士（工学）。

山根　「はやぶさ」と比べて「はやぶさ2」は約100キログラムも重くなったので、目配りをしなくてはいけない部分が増えて大変だったでしょう？

津田　おおざっぱに言うと、100キログラムのうち半分は「はやぶさ」で起こしたトラブルに対処し信頼性を上げるための部分、残りの50キログラムが新規に追加したサイエンス機器などなんです。「はやぶさ2」のチームは「工学」と「科学」、あわせておそらく200人を超える大所帯です。100キログラムの増量分をどうそれぞれに振り分けるか、またイオンエンジンやカプセル、通信機器など異なる「サブシステム」をどう有機的に結びつけて望ましい「システム」に組み上げるかが私の仕事なんです。「こういう仕様で○○までに仕上げてください」と伝え、トラブルが起これば全体の計画が遅れないよう差配する必要もありますし。

山根　サブシステムとシステムの兼ね合いって、たとえばどんなこと？

津田　たとえば、イオンエンジンがパワーを上げたいので供給電力を増やしてほしいとリクエストしてきたとします。そのためには太陽電池パドルを大きくしなくてはいけない。しかし、その重量増加分によってイオンエンジンの負荷が大きくなってしまう。これでは何のためのパワーアップなのか、となりますよね。こういう悪循環が起こらないよう、美しい整合性を考えていかなくてはいけないんです。きわめて地味な仕事の連続ですが、非常に大事な仕事なんですよ。

山根　実現したくても重量やサイズ制限があり断念したものも多かったのでは？

津田　もちろん。たとえばハイゲインアンテナは可動式にしたかった。地球との通信では探査機そのものの姿勢を変えてアンテナを地球に向けますが、それでは燃料を食いますから。でも、その可動機構を加えると重量が増えコストも上がるので断念しました。

山根　「はやぶさ」では、姿勢維持に欠かせないアメリカ製の3基の「リアクションホイール」の2基が壊れましたが、「はやぶさ2」では？

津田　今回は別のメーカーのものを4基載せましたが、問題はどこに置くかです。地球ゴマの原理で電気ではずみ車を回し、その軸方向の姿勢を安定させるのが目的なので、探査機という四角い箱の縦、横、奥方向に沿って3基を設置（X軸、Y軸、Z軸）。これは「はやぶさ」と同じです。4基目は他が壊れた時の備えなので、斜めに取り付けるのがいいんです。斜めならどの軸にも効きますから。しかしそれは、探査機内部に斜めの構造物を作らねばならず、重くなってしまう。そこでZ軸に2つセットすることにしました。「はやぶさ」ではZ軸のリアクションホイールだけが生き残ったので、Z軸での運用の経験蓄積があったからです。

Fig7.2　「はやぶさ2」の6年間の予定〈写真・山根一眞、イラスト・池下章裕〉

山根　運用のスケジュールも津田さんが仕切る？

津田　そうです。軌道計画も私の担当ですが、頭が痛いのが小惑星に到着してからのスケジュールが決められないことなんです。「はやぶさ２」は小惑星に到着後、いわばその静止衛星のようなかたちで小惑星と並行して太陽のまわりをおよそ1年間、周回します。この間に欧州の小型ローバー「ＭＡＳＣＯＴ」や「ミネルバⅡ」の分離、インパクタの分離・発射、タッチ&ゴーによる３回のサンプル採取など、しなければいけないことが山とあります、万が一のトラブルも考慮しながら、どれを優先するかも考えなくてはいけないんですが、最も困るのが「１９９９　ＪＵ３」の自転軸がまだ正確にわかっていないことなんです。これまでの地球からの観測で、自転周期はおよそ7時間38分と分かっているんですが、その自転の軸方向はまるで分かっていないんです。乏しい観測データから科学者がいろいろな推定をしていますが、どの推定も互いにかけ離れていて、運用を組み立てる上では心もとない。小惑星の観測可能な時間帯は、探査機と電力源である太陽の位置関係、通信のためのアンテナが地球方向に向く位置などで制約されるんですが、正確な自転の軸方向がわからないのでスケジュールの立てようがない。それは、つまり、小惑星に到着し「１９９９　ＪＵ３」の精密な観測をしてからになるんです。

津田さんは宇宙科学研究所がある相模原市で育ったが、宇宙科学研究所の存在は知らなかったという。だがこれから6年間、故郷である相模原の管制室にはりつき、打ち上げまでの苦労を上回る奮闘の日々が続くことだろう。

宇宙熊手が登場

2010年6月15日、宇宙ヨット、小型ソーラー電力セイル実証機「イカロス」から、すごい画像が送られてきた。種子島宇宙センターからH－ⅡAロケットで金星探査機「あかつき」とともに打ち上げられて25日目、円環状に折り畳んであった厚さ0・0075ミリメートルという超極薄の金色に輝くポリイミド樹脂製の帆（対角線が約20メートルのほぼ正方形）を見事に展開している姿をとらえた写真だった。「イカロス」の本体には6個のカメラが搭載してあり、「イカロス」上で撮った写真とともに、驚いたのは宇宙空間に浮かぶ「イカロス」を俯瞰している写真があったことだ。「イカロス」からかなり離れた宇宙空間で撮っている！ そのカメラを開発したのは、「はやぶさ2」でもサンプラー、カメラなどの開発を担当した澤田弘崇さんだった。

澤田弘崇さん（さわだ・ひろたか）

1976年長野県生まれ。東京工業大学大学院理工学研究科機械宇宙システム専攻、2003年、キューブサットを打ち上げる。博士課程修了後、2004年、JAXAに入り筑波の総合技術研究本部誘導・制御システムグループで宇宙ロボットを研究。2008年より月・惑星探査プログラムグループ（「はやぶさ2」の所管であるJSPEC）開発員として小型ソーラー電力セイル実証機「イカロス」チーム。専門は宇宙ロボティクス、宇宙機システム、ダイナミクス、制御。博士（工学）。

山根　「史上最小の人工衛星」と評価された「イカロス」の分離カメラはじつに見事でしたね。

澤田　「イカロス」上には固定カメラが4基、分離カメラは2基搭載していますが、すべてうまくいきました。分離カメラは直径6センチメートル、長さ6センチメートルほどの円柱状で、手のひらに載るほどの大きさです。バネの力で本体から放出し「イカロス」の姿を自分撮りしました。画像を無線で「イカロス」経由で地球に送信したんです。名称は「DCAM」。2台搭載したので、「DCAM1」と「DCAM2」。これとほぼ同じものを「はやぶさ2」に搭載するつもりだったので、名称は先の2台に続くシリーズとして「DCAM3」としました。ちょっと安易でしたかね。

山根　「はやぶさ2」のDCAM3の仕事は？

澤田　「はやぶさ2」は衝突装置（インパクタ）を分離したあと、破片に当たることを避けて小惑星の陰に逃げるため、衝突の様子がわからないんです。そこで「はやぶさ2」から分離したDCAM3がその様子を撮影します。DCAM3は開発過程でちょっと大きくなり、直径8×長さ7センチメートルの円筒形です。じつはDCAM3の中には2台のカメラと送信機が入れてあり、ひとつは1秒間に1枚、もうひとつは高画質写真を数秒間に1枚撮り送信します。役目を終えたあとは小惑星に落下します。このDCAM3、撮影中に衝突装置の破片やクレーターの放射物に巻き込まれるおそれもあるため、「決死隊だな」と言われましたよ。

山根　小惑星上で「インパクタ」がクレーターを作る写真、想像するだけでもわくわくです。

澤田　衝突によってクレーターを作るのは、新鮮なサンプルを得るだけが目的ではないんです。宇宙での「衝突現象」がどのようなものかを解明するのも大きな目的で、これは惑星科学では非常に重要な課題なんです。そういうサイエンスチームの期待も大きいんです。ドイツのブレーメンにある微小重力実験施設などでテストしましたが、計算によって分離したあとのカメラの挙動などもきちんと検証しています。

山根　「はやぶさ」で、澤田さんは数々の搭載機の改良、開発をしたと聞いていますが。

澤田　分離カメラの他では試料採取装置「サンプラー」と、「はやぶさ2」に搭載する光学航法カメラ（ONC）、「はやぶさ」では「AMICA」と呼んでいたものです。

山根　一番大変だったのは？

澤田　「サンプラー」です。小惑星から採取したサンプルを、3部屋に増やした「サンプルキャッチャー」に格納。これを地球帰還カプセルに移動し、サンプルコンテナに収納・シールするわけですが、「はやぶさ」では密閉するのに高真空装置用の「Oリング」を使っていました。「はやぶさ2」ではシール性能を向上し、採取したサンプルから出る揮発性のガスも持ち帰りたい。そのために、金属のみを使ったメタルシールを新たに開発しました。そのシール性能を完璧なものにする技術開発にはホント、苦労して2年はかかりましたよ。外見やサイズは「はやぶさ」のときと変えないでやらなければいけなかったですから。

山根　「はやぶさ」のシール性能については、キュレーションチームにじっくりと聞いていますが、シール性能が向上しているんですね。小惑星にタッチする「サンプラーホーン」でもすごいアイデアが実現したそうですが？

澤田　「はやぶさ」ではサンプル採取のための弾丸が発射されなかったでしょう。そこで、万が一、弾丸が出なくてもサンプルを得る仕掛けを、サンプラーホーンの先端に作ったんです。「ホーン」の先端は直径が14センチメートルほどですが、その先端の縁に折り返した形の櫛形のツメをつけたんです。潮干狩りで使う熊手のような形です。隙間は数ミリメートルほどですが、小惑星にタッチした時に、ここにちょこっと5ミリメートルくらいの砂粒を引っ掛けてくるように。

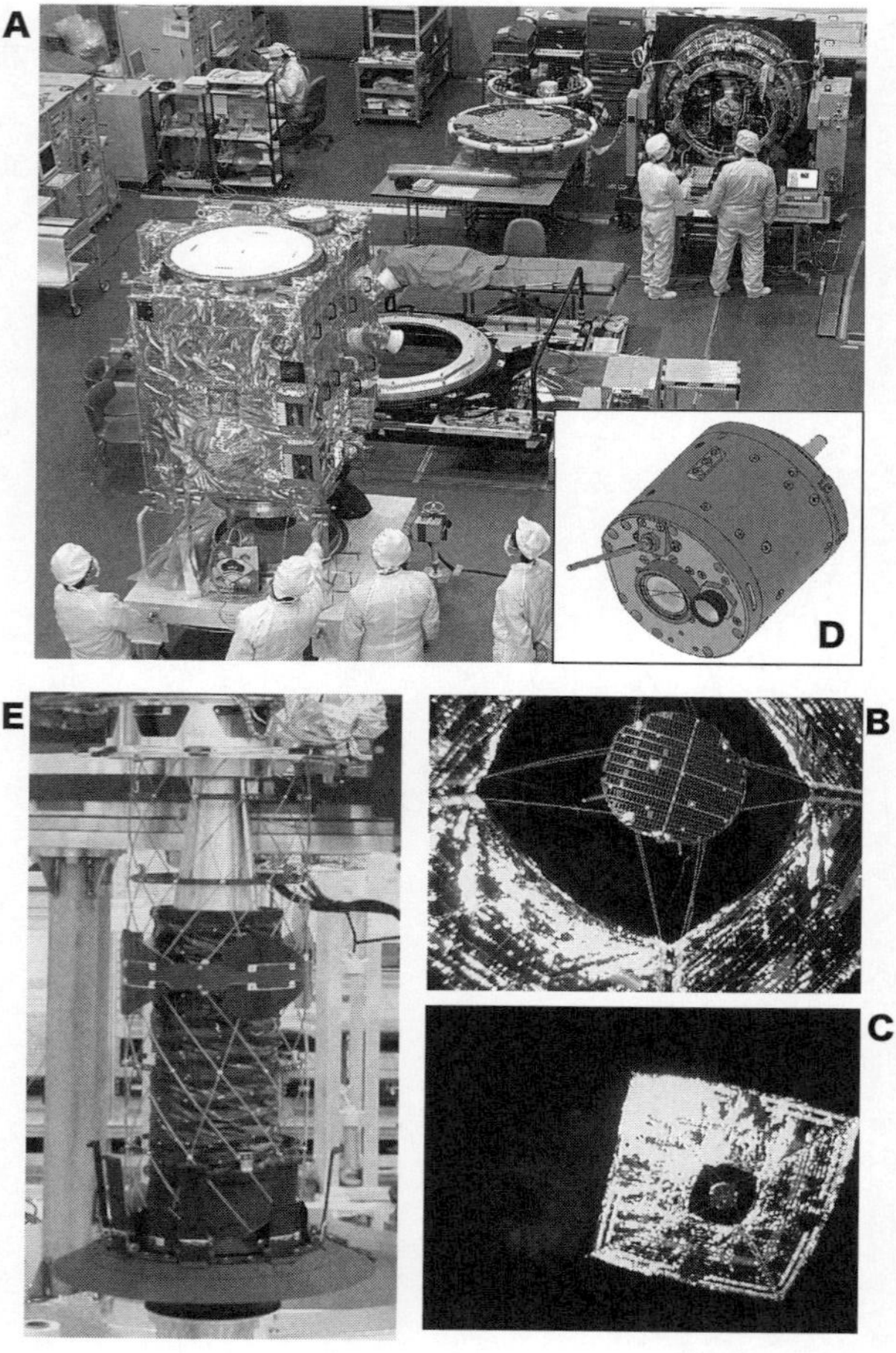

Fig7.3　A：「あかつき」（左下）と「イカロス」（右上）の組み立て〈写真・山根一眞〉　BとC：澤田弘崇さん開発のDCAMがとらえた宇宙空間の「イカロス」〈写真・JAXA〉　D：「はやぶさ2」に搭載されるDCAM3〈図・JAXA〉　E：試験中の「はやぶさ2」のサンプラーホーン〈写真・JAXA〉

「はやぶさ２」が上昇中に少し上向きに勢いをつければ砂粒は浮き上がり、サンプルキャッチャーに入るという仕掛けです。

山根　それ、おカネかき集める祈願で買い求める酉の市の熊手と同じ。１粒数億円以上の価値のある砂粒をかき寄せるのね。ぜひ、酉の市で「澤田熊手」として売ってほしい（笑い）。

外見も設計も「はやぶさ」を踏襲して短期間で作り上げた「はやぶさ２」だが、見えないところに「はやぶさ」の教訓をもとに改良、開発した技術が満載なのである。

星になったエンジニア

「はやぶさ２」が目指す目的地は、小惑星「１９９９ ＪＵ３」。

まだ「名」はないが、日本人名をつけた小惑星は数多い。「はやぶさ」のプロジェクトマネージャー、川口淳一郎さんの名の小惑星もすでにある（kawaguchijun 8911 1995 YA・発見者はアマチュア天文家の小林隆男さん）。「はやぶさ」チームで、サンプラーを担当した矢野創さん、軌道を担当した加藤隆二さんや山川宏さん、ターゲットマーカーを担当した澤井秀次郎さんの名の小惑星も。「はやぶさ」を担ったメーカーである富士通の大西隆史さんやＮＥＣの大島武さんの名の小惑星も登録済みだ。

「はやぶさ2」の計画が具体的に動き出していた2010年11月、新たな日本人名の小惑星が登録された。「Masafumi 16853 1997 YV2」だ（発見者はアマチュア天文家の佐藤直人さん）。NEC航空宇宙システムのエンジニアで、NECが製造を担当した月周回衛星「かぐや」で大きな貢献をし、「はやぶさ」のチームでもあった木村雅文さんにちなんでの命名だ。木村さんは1959年生まれで1983年に入社、宇宙科学研究所の多くの科学衛星や探査機を担当、火星探査機「のぞみ」、月周回衛星「かぐや」、そして金星探査機「あかつき」でも大きな貢献を果たしてきた。

NEC宇宙システム事業部エキスパートエンジニアの小笠原雅弘さんは、その木村さんについてNECのホームページでこう記している（2010年11月17日）。

こうした様々なミッションを通じて育て上げた後継者たちは、木村と一緒に、2003年打ち上げの「はやぶさ」、そして2007年打ち上げの「かぐや」に結集、今に至る目覚しい成果をあげる強力なチームを築き上げた。2009年6月急病で入院、自ら手がけた「あかつき」の打ち上げも、「はやぶさ」の地球帰還も見ることなく、2009年8月11日永眠。

金星探査機「あかつき」には、NECのチームが木村さんに追悼の想いを託した寄せ書きを12

センチメートル四方の金属プレートに刻み「あかつき」に搭載し金星へと送り出しているが、その半年後、木村さんの名の小惑星も誕生したのである。この木村さんへ寄せたNECのチームの想いからは、科学衛星や探査機に取り組むエンジニアたちの使命感や努力、そして生き甲斐が見えてくる思いがする。木村さんが存命であれば現在54歳、脂が乗りきった宇宙エンジニアとして「はやぶさ2」の開発、製造の先頭に立っていただろう。

地上の宇宙

「はやぶさ」も「はやぶさ2」も、宇宙科学研究所の宇宙工学研究者たちがNECのエンジニアと一体となって取り組んできた。その開発、製造とはどのようなもので、エンジニアたちはどんな思いで仕事をしているのだろう、NECの宇宙システム事業部を訪ねた。

府中事業場は東京都府中市にある。ダービーが開催される東京競馬場からは西約2キロメートル、1968年に起きた「三億円事件」の犯行現場前として広く知られた府中刑務所前からも南に2キロメートル、敷地面積は21万7000平方メートル（約6万6000坪）と広大だ。

久々にここを訪ねた2014年9月、構内の一角に白い大きな建物が完成していた。高さは50メートル。1階分を4メートルとすれば12～13階建てに相当するが、窓がほとんどないため、まるで巨大な岩壁のようだ。床面積は9900平方メートル（3000坪）。この建物の名は「N

EC衛星インテグレーションセンター」。

「はやぶさ」も「あかつき」も「はやぶさ2」も、組み立てはおもに宇宙科学研究所内の大きなクリーンルームで行ってきた。宇宙研とNECが緊密なチームを組んで進めねばならない科学衛星ゆえの理にかなった方法で問題はなかったが、NECにとっては、この後、多くの衛星を受注し宇宙ビジネスを拡大していくためには独自の設備で生産能力を増強する必要があった。そこで建設したのがこの新施設、人工衛星、探査機の組み立て製造工場なのである。

内部は高い天井を持つ空間の2段重ね構造で、その2層で同時に4台の人工衛星の製造ができる。これで、同社相模原事業場と合わせるとじつに8台の衛星の同時生産が可能となったという。

1階にある熱真空試験室には、大型スペースチャンバーをドンと設置。チャンバーは直径8メートルの鋼鉄製の筒だ。製造中の人工衛星をここに入れ、分厚い金属扉を閉め密封。内部に過酷な宇宙環境を再現し、人工衛星に不具合が起こらないかの試験をするのだ。宇宙を飛ぶ人工衛星は、太陽が当たる側と当たらない側で250℃もの温度差にさらされる。スペースチャンバーはその極低温から高温の環境を再現、もちろん宇宙に近い高真空環境にもできる。

人工衛星や探査機は打ち上げ時に激しい音、空気振動を受ける。その音はじつにジェットエンジン100機分だ。人工衛星はそのとてつもない音による振動環境でも故障してはいけないが、その激しい振動環境に対応した２つの試験設備もある。振動を再現する「振動試験室」では、人工衛星に搭載予定のロケットに対応した振動を与え問題が起こらないことを確かめる。「音響試験室」では３つの巨大なホーンから日本最大級という音圧を人工衛星にそそぐ。以前、筑波宇宙センターの巨大な音響試験室を訪ねたことがあるが、「この試験室に人が入って音を受ければ即アウトです」と聞いてビビったことを思い出した。

高温、極低温、真空、そして振動。ＮＥＣ衛星インテグレーションセンターは、府中市に登場した「地上の宇宙」だが、もちろんＪＡＸＡにも同様の施設はある。だがＮＥＣは、部品の設計、開発製造の建屋と隣接した場所に必要な試験装置を備えた組み立て工場を建設し、宇宙機の開発製造の効率を向上させ、人工衛星や探査機の量産に拍車をかけようとしているのである。この施設の完成によって、現在およそ５００億円の宇宙関連事業を２０２０年には１０００億円にすることを目指すという。「はやぶさ２」に続く衛星は、この設備をフル活用することになるはずだ。

「はやぶさ」は先生

萩野慎二さん（はぎの・しんじ）

1959年三重県生まれ、東京大学工学部航空宇宙学科卒。同大学院では「ミウラ折り」で知られる三浦公亮教授（現・名誉教授）の研究室に所属した。修士終了後、1985年にNECに入社。「あけぼの」（地球磁気圏観測衛星）が最初の担当プロジェクト。以降、宇宙研の数多くの人工衛星、探査機に取り組む。「はやぶさ」のプロジェクトマネージャーを経て宇宙システム事業部プロジェクト推進部プロジェクトディレクター（プログラムマネージャー）。

山根　ピッカピカの衛星工場を見せてもらいましたが、気合が入ってますねぇ。NECで現在進行中のプロジェクトにはどんなものが？

萩野　開発中の科学衛星、探査機は、「はやぶさ2」（2014年）のほかに、ジオスペース探査衛星（2016年度予定）、X線天文衛星・ASTRO－H（2015年予定）、水星磁気圏探査機ＭＭＯ（２０１６年予定）の４つです。

山根　「はやぶさ2」はこれから6年間の運用が続きますが、そのあとも続々！　毎年、頭に血がのぼりそうです（笑い）。萩野さんは、その4プロジェクトに対してどんな仕事を？

萩野　タスクとしては「プログラムマネージャー」と呼ばれる仕事です。各プロジェクトにはそれぞれ「プロジェクトマネージャー」がいて、彼らはプロジェクトのＱＣＤ（品質、原価、納期）を守るためのマネージメントを行っているわけです。それらを横通しにし、全プロジェクトがうまく進められるよう、俯瞰した立場でコントロールを行うのが私の役割なんです。

山根　プロジェクトが4つもあると混乱しませんか？

萩野　混乱しないようにするのが私の仕事（笑い）。この4プロジェクトに携わっているエンジニアは約１００人ですが、４つを並行して取り組むことの利点は大きいんです。たとえば電源の開発製造担当者はいずれのプロジェクトにもかかわっていますから、縦のラインと横のラインを結びつけることがとても大事。私の役割は、そういうところにもあります。

山根　進行中の4プロジェクトの宇宙機は形も目的も同じではないので、いずれも手作り同様かな、と。一方、衛星インテグレーションセンターは人工衛星の量産を目指すそうですが、量産はどのようにして進めるんですか？

萩野　人工衛星の量産は低コスト化をはかるためにも欠かせないんです。そのため異なる人工衛

2014年冬（H-ⅡAロケット）
小惑星探査機「はやぶさ2」
2018年に小惑星 1999 JU3 に到着
2020年に地球帰還

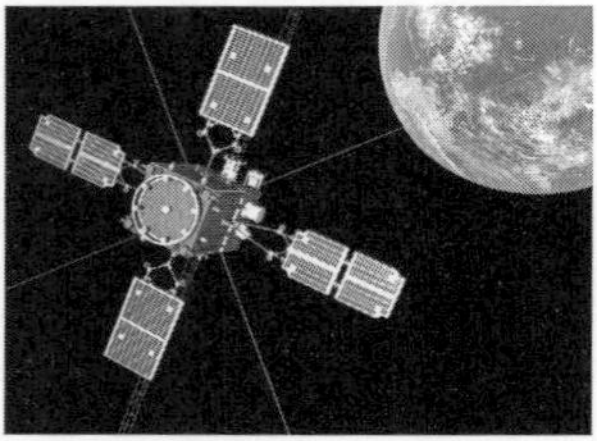

2016年冬（イプシロンロケット）
ジオスペース探査衛星（ERG）
地球近傍の宇宙空間,ジオスペース
の高エネルギー電子などを解明する

2015年（H-ⅡAロケット）
X線天文衛星 ASTRO-H
X線天文学は日本の先進分野
硬X線望遠鏡などで極限宇宙、銀河を観測

2016年（アリアン5型ロケット）
水星磁気圏探査機 MMO
BepiColombo 国際日欧水星探査計画で
ESA（欧州）担当の水星表面探査機 MPO
と連携し水星の総合解明を目指す

Fig7.4　NECが手がけている4つのミッション〈イラスト・池下章裕〉

星であっても、通信や電源部、推進機構など衛星が機能する基本部分を標準化、つまり共通仕様とすれば、開発や製造の時間やコストが低減できます。この共通仕様の部分を「衛星バス」と呼ぶんですが、NECが開発した衛星バスが「NEXTAR」です。

山根　それは、「はやぶさ」や「はやぶさ2」とは別の話？

萩野　いや、そういう標準化を作り上げていくうえで「はやぶさ」は非常に役立ってきたんです。NEXTARの中に「はやぶさ」で開発実証された技術を多く取り込むことができたからですが、さらにエンジニアを育てていくうえでもとてもありがたい存在でした。

山根　どんなふうに役立ちました？

萩野　システム設計の立場でいうと、「はやぶさ」は目指すべきゴールが見えている探査機でしょう、そこに向かって設計していく道筋がとてもハッキリしているわけです。これはね、汎用的な宇宙機の設計とは違う、カスタマイズした探査機ならではの特徴なんです。「システム設計」と「ミッションのゴール」の関係がとてもわかりやすいため、若いエンジニアは迷うことなく自ら工夫、判断しながら開発を進めることができた。その経験が、汎用的な衛星の標準化設計で大いに役立っているわけです。

山根　科学目的の宇宙機は産業に貢献することが少ないと冷たい目で見られてきた面がありますが、「はやぶさ」は宇宙産業の偉大な先生なのだというのはじつにいい話です。

「チャレンジ」ではいけない

山根　「はやぶさ2」は予算がなかなか下りなかったために苦労したでしょう?

萩野　小惑星「1999 JU3」へ到達することが可能なロンチウィンドウ(打ち上げ可能な日程)が決まっていましたから、「GO!」が出るのが遅れれば遅れるほど、厳しくなるわけです。そのためスケジュールのマージン(余裕の日時)はほとんどゼロ。果たして乗り切れるか心配が続いていましたね。

山根　プロジェクトマネージャーの國中さんの表情は、ほとんど「ゾンビ」でしたよ(笑い)。

萩野　國中先生には、ホントに頑張っていただいて、ここまで連れてきてもらったと思っています。最低でも3年はかかるのを、およそ2年で成し遂げたんですから。

山根　「イオンエンジン」や通信機能の増強などの他に改善は?

萩野　基本的な部分は「はやぶさ」と同じです。「はやぶさ」では、「電源系」も、探査機内のさまざまな情報を統合・処理する衛星内のデジタルネットワークである「DH系」も「姿勢系」も、みな新しいシステムを開発し組み込んだ非常にチャレンジングな機体でした。そのため「はやぶさ2」では、可能な限り「はやぶさ」と同じものを採用し、機体に関しては新しいものを使うリスクを最低限に抑える努力をしました。

山根　「はやぶさ」で学んだことは大きく、それが「はやぶさ２」に反映できた？

萩野　「山のように学ぶことができた」のは間違いないですが、これで学び尽くしたとはとても考えられないと思っています。宇宙はそんな簡単なものじゃない。「学んだ」ことは生かしつつ、気づかない問題が残らないように必死の努力をして「はやぶさ２」を作ってきたわけです。「はやぶさ」はチャレンジだったが、「はやぶさ２」はチャレンジではいけない、これは確立した探査機として成功させなければいけない、と。

山根　そ、それはまずい、この本の題名は『「はやぶさ２」の大挑戦《チャレンジ》』……。

萩野　「確立した探査機として成功させる」というチャレンジではありますが。

山根　ご配慮に感謝（笑い）。そのためにどんなことを？

萩野　反省点を、社内、そしてＪＡＸＡの皆さんとともに議論を続け、徹底して洗い出しました。「レッスンズ・ラーンド」（Lessons Learned）という手法です。プロジェクトの終了時に失敗や反省点を議論しながら書き出し整理、次のプロジェクトの向上のためにデータを蓄積していく作業です。エクセルにまとめた項目だけでも３００以上はあったと思います。

山根　レッスンズ・ラーンドによって「はやぶさ２」で行った改善点を一例あげると？

萩野　たとえば、「はやぶさ」が「イトカワ」へのタッチ＆ゴーを行い弾丸を発射、サンプル採取に成功したかに見えたが、後に弾丸が発射されていなかったことがわかりました（コンピュータのプログラムに小さな問題があり、安全モードで弾丸は発射を中止)。あのときは、タッチダウンやそのトライを続けていましたよね。運用シナリオは、そのたびごとに取得した新しい知見に合わせて、毎回大きく変えていたんです。つまり、その都度、新たに組み直したコンピュータプログラムを「はやぶさ」に送り続けていた。もちろん「はやぶさ」への送信前には地上で検証はしていますが、問題点を発見することができなかった。小惑星へのタッチダウン時には、プログラムには想定していないさまざまな条件による「割り込み」が入って実行されるものなんです。「条件分岐」と呼びますが、それはきわめて複雑。そのため事前の地上でのプログラムの検証は、いかにして探査機と同じ動きを再現するかがカギ。そこで「はやぶさ」の反省に立ち、「はやぶさ2」では、「はやぶさ」では事前に発見できなかったような複雑な条件でも検出できる環境を整えることに力をそそいでいます。

山根　「はやぶさ」は「はやぶさ2」を成功に導くための大きな力になってくれた……。

萩野　もちろんですが、「はやぶさ」から「はやぶさ2」へは11年ものギャップがあるため、技術、技能の継承という意味ではいささか間があきすぎているんです。しかし、その間に行うことができた金星探査機「あかつき」が、探査機設計技術のひとつの継承のステップになってくれました。こうして「はやぶさ」だけではなく、「あかつき」で得た多くの経験も取り込み、万全を期して作りあげたのが「はやぶさ2」なんです。

第8章

2020年のウーメラ

秒針上の宇宙機

【打ち上げの期間及び時間】
ロケット機種　Ｈ－ⅡＡロケット26号機
打ち上げ予定日　２０１４年11月30日（日）
打ち上げ予定時刻　13時24分48秒
打ち上げ予備期間　12月１日（月）～12月９日（火）

Ｈ－ⅡＡロケット26号機の「打ち上げ計画書」には、「はやぶさ２」の打ち上げ時間が「秒」の単位まで記されている。プロジェクトエンジニアの津田雄一さんによれば、この時刻は小惑星「１９９９ ＪＵ３」へ向かうための軌道計画によるが、きわめて厳しい「秒」なのだという。
「打ち上げが１秒以上遅れれば、この日の打ち上げは中止です。地球周回衛星であれば若干の打ち上げ遅れは許されるでしょうが、『はやぶさ２』では１秒以上遅れれば軌道に入れないんです。打ち上げが中止となった場合の予備期間は９日間ありますが、それでも打ち上げられるのは１日１回、誤差１秒以内です」（津田さん）
「はやぶさ２」の小惑星「１９９９ ＪＵ３」への到着予定は２０１８年の６月か７月だ。３年半以上もの長い長い宇宙の旅にもかかわらず、誤差1秒内で出発しなければならないとは驚くばかりだ。これは、「はやぶさ2」がいかにシビアな計算の上で運用しなければならないかを物語っている。

それは、地球帰還時も同じだ。

2010年6月13日、「はやぶさ」の地球帰還カプセルは、オーストラリアのウーメラ砂漠上空で、計算による予定時刻ぴったりに大気圏再突入をし、計算どおりの予定地にピタッと着地した。カプセル担当の山田哲哉さんたちは、99・9994パーセントの確率で狙い通りとなるよう、カプセルが大気圏再突入する時刻、パラシュートを開く時刻、着地する時刻を計算。山田さんは管制室のスタッフにそのデータを渡し、大気圏再突入直前の「はやぶさ」に、そのデータによるカプセルの分離時刻を指示するコマンドを送信するよう言い残してウーメラへと飛んでいる。「99・9994パーセントの確率」の中には、ウーメラ砂漠に吹き寄せる偏西風が10万年に1回、逆向きになる「想定外」の気象条件まで「想定」して織り込んでいたのだ。大気圏再突入したカプセルは、その計算とは誤差1秒以内で地球帰還を果たしているのである。

山田さんに求められた「はやぶさ2」の「カプセル」の仕様が「はやぶさ」と同じだったのは、その大きな成功によるところが大きい。

「1回目がうまくいったのでもう1回同じものを作るというのは、結構辛いんですよ。『はやぶ

Fig8.1　写真上と中・再突入耐熱材料試験装置（アーク風洞）。カプセルが地球に再突入する際の「空力加熱」環境を模擬した高温の空気流を発生させ、耐熱材料の試験等を行う。写真下・「はやぶさ2」カプセルのエンジニアリングモデル。耐久試験に利用された。〈写真・山根一眞〉

さ』とまったく同じ製造工程を再現しても、同じものが作れるかどうか。搭載する電子回路の部品はもはや入手できないのでリニューアルしましたし、耐熱鎧であるヒートシールドもメーカーが替わっています。それに、トラブルとしては出なかったものの、気づかないままだった問題が潜んでいなかったわけではなかった。加えて、１回目ではできなかった新しい要素も入れたいわけです。でも、そのためにひっくり返ってしまえば大変なことになりますからね」

　スペースシャトルの大気圏再突入角度はわずか１度だったが、それでもコロンビア号は一部の耐熱タイルが破損していたため、再突入の高熱でバラバラになって墜落している。一方、「はやぶさ」のカプセルは12度という急角度だ。惑星間遷移軌道からの再突入のため、時速約４万３０００キロメートルという猛速度になり、急角度で突入しなければ地球をかすめてしまうからだ。カプセルが畳半畳に電気ストーブ１万５０００個を並べたほどの高熱にさらされたのは、それが理由だった。

　カプセルが大きければ熱対策もしやすかっただろうが、山田さんがプロジェクトマネージャーの川口さんから頼まれたのは、「20キログラムで作ってほしい」だった。星間遷移軌道からの大気圏再突入ではありえない小さなサイズで、無茶苦茶な要求だった。しかし山田さんのチームは宇宙開発史上、最小の大気圏再突入カプセルを作り上げ、目的を果たす。だからこそ、「はやぶさ２」でも同じカプセルを求められたのだ。

「はやぶさ2」のカプセルは、2020年のウーメラ帰還まで6年間も出番を待ってじっとしていなければならない。そして帰還の日のウーメラでその成否が問われる。

「パラシュートも使わずポーンと放り投げるだけなら楽でいいなと思うこともありますよ。これから6年間、またドキドキして過ごさなくてはいけないんですから」（山田哲哉さん）

「はやぶさ」では分離後のカプセルの姿勢運動を知るセンサーを搭載していなかったため、「はやぶさ2」では加速度計を入れたいとリクエストした。だが最初の回答は「NO！」。わずか160グラムの重量増加だが、厳しい重量制限ゆえだった。その後、これは何とか搭載でき、またカプセル内の温度を測定しメモリに記録する温度計も9ヵ所に入れることもできた。

「2007年頃の開発開始当時は、こんどはこんな新材料を使いたいなどたくさんの夢を描いていたんですが、時間がないこともあって間に合いませんでした」

なかなか予算がつかなかったゆえに短期間で作りあげねばならなかった「はやぶさ2」。それに取り組んだエンジニアたちは、2020年のウーメラへの無事帰還を願いつつ、設計上でも時間でも厳しい枠の中で仕上げていったのである。

空想の産物か？

「はやぶさ2」が「はやぶさ」と大きく異なるのは、科学者たちのかかわり方だ。「はやぶさ」

は工学技術実証探査機であったため、サイエンス面も宇宙科学研究所のスタッフが中心だったが、「はやぶさ2」では、宇宙研の理学研究者に加えて全国の30を超える大学、研究機関や天文台のおよそ100名が参加している。そのサイエンスチームは、「はやぶさ2」によって日本がさらに大きな科学的な成果を得ることを目指している。「はやぶさ2」ならではの「科学」の意味を、「はやぶさ2」のプロジェクトサイエンティスト、渡邊誠一郎さんに聞いた。

渡邊誠一郎さん（わたなべ・せいいちろう）

1964年生まれ、1986年東京大学理学部地球物理学科卒、1990年同大学院理学系研究科地球物理学専攻博士課程中退、1990から3年間の山形大学理学部助手を経て名古屋大学理学部地球惑星科学科へ移り2009年に同大学院環境学研究科地球環境科学専攻教授。惑星形成論が専門。2012年「はやぶさ2」のプロジェクトサイエンティストとして惑星科学のサイエンスコミュニティをまとめあげてきた。理学博士。

山根　渡邊さんの専門分野から聞かせてください。

渡邊　私が大学時代から取り組んできたのは惑星形成論です。私の東京大学時代の師、中澤清先生（現・東京工業大学名誉教授）は、林忠四郎先生（1929〜2010）の弟子でした。林先生は京都大学の宇宙物理学者で、「恒星の進化論」で世界的に知られた研究者です。なので、私はいわば林先生の孫弟子にあたるんです。

山根　惑星、太陽系がどうできたのかの解明は「はやぶさ」の目的のひとつですが。

渡邊　1960年代までの惑星形成論は荒唐無稽なものが多かった。たとえば「遭遇説」は、星のそばを別の星が通過すると、その重力で引きずり出された物質が惑星になった、というものです。今ではそれは不可能だと証明されているんですがね。林先生は当時から「それはおかしい」と否定。星間ガスや塵が集まり、太陽の重さの100分の1ほどの円盤ができ、中心となる星と惑星が同時にできたという理論を確立したんです。これは「京都モデル」と呼ばれ、今も世界の惑星形成の標準理論になっています。この標準理論をもとに世界でさまざまな惑星形成論のモデルが作られ、また林理論を裏づける太陽系外の惑星が発見されている。我々はその林理論を拡張したモデルを作っていきたいと目指しているんです。

山根　林理論は、観測にもとづくものではなかった？

渡邊　当時は恒星の周囲の惑星は観測できなかったので、ひとつひとつの過程を記述する物理法則をつないで構築していった純粋な理論です。でも、京都モデルは、僕らの学生時代までは、「空想の産物に過ぎない」と言われたりしていました。その理論が予測した世界が高性能の電波望遠鏡で続々と見える時代になったんですから、非常に感動的です。

山根　林理論への反論は？

渡邊　たとえば、林先生と同世代のハーバード大学のアル・キャメロンによる「キャメロン理論」があります。最初に太陽ほどの重い大きな円盤ができて、中心の星と惑星が生まれたというものですが、これは標準理論にはなっていないんです。

惑星を知る科学

山根　京都モデルはわれわれの太陽系以外の惑星系にも当てはまりますか？

渡邊　じつは、そこは決着がついていないんです。木星も土星も惑星ですが、地球とは違うガス惑星です。それらがどうできたのか……。林先生は、まず芯ができ、そこに氷や岩石が集まり、後にその周囲にガスを抱き寄せたと説明した。一方、キャメロン理論では、まず原始惑星系円盤ができ、それが分裂して生じたガスと塵が球を作り、やがて中心部に塵が沈殿したのだ、と。

　木星や土星の誕生では林先生の説が標準理論だったんですが、最近の太陽系外の観測で林理論では説明できないような場所、つまり「芯」を作る材料が足りない場所でもガス惑星が見つかっ

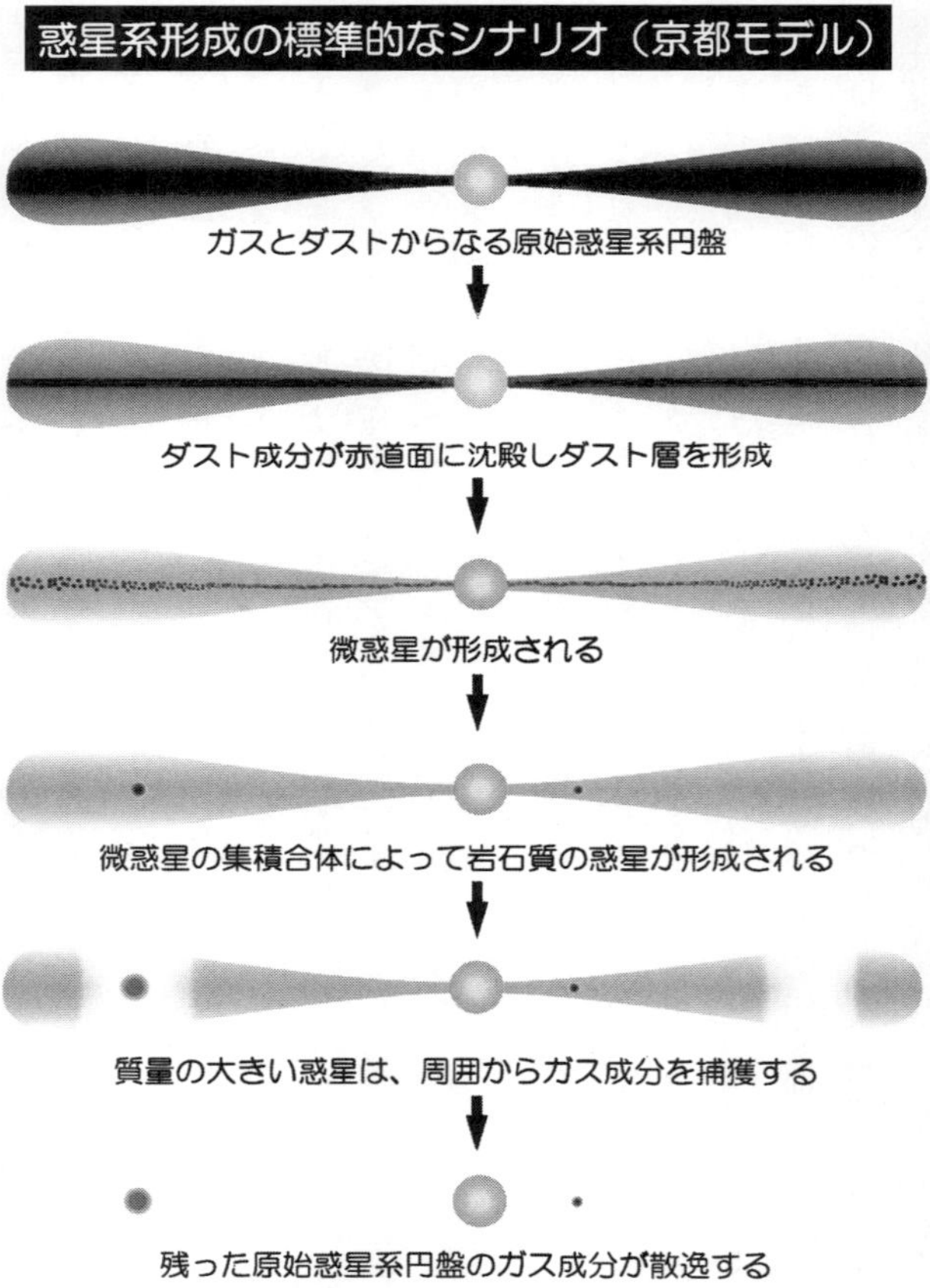
惑星系形成の標準的なシナリオ（京都モデル）
ガスとダストからなる原始惑星系円盤
ダスト成分が赤道面に沈殿しダスト層を形成
微惑星が形成される
微惑星の集積合体によって岩石質の惑星が形成される
質量の大きい惑星は、周囲からガス成分を捕獲する
残った原始惑星系円盤のガス成分が散逸する

Fig8.2 〈東京工業大学・今枝佑輔氏の図をもとに構成〉

ているんです。それを説明することはこれからの課題で、我々が林理論を拡張する理論の構築を目指しているところでもあるんですがね。

山根　私はなぜ存在しているのかという問いは、なぜ私は地球にいるのか、どのようにして私は地球の物質で作られたのか、地球はどう作られたのか、その地球を作った物質はどこからきたのか、と、永久回路に陥ってしまう思いですが、それを宇宙の物質の離合集散で説明する惑星形成論ならスッキリしそうです。小惑星への探査もそういう根源的な問いに通じているのかな、と。

渡邊　僕は、「はやぶさ」も「はやぶさ2」も、「小惑星を知る科学」にとどまらず「小惑星を通じて惑星を知る科学」をも目指すべきだと考えているんです。

山根　その考えを「はやぶさ2」のミッションで具体的に言うと？

渡邊　インパクタは地下にあるフレッシュな物質をサンプルとして得ることが目的で、これはきわめて大きい意味があるんですが、それだけでは「小惑星の科学」です。しかし「小惑星を通じて惑星を知る科学」の立場では、小惑星において衝突がどのように起こるのかを知りたい。標準モデルでは、微惑星と呼ばれる小型の天体同士が衝突を繰り返して惑星ができたとされています。質量の小さい小惑星は、まさに微惑星のモデル天体です。小惑星の衝突メカニズムの一端が解明できることは、地球や太陽系の形成を知ることに通じるんです。さらには生命の起源にも衝突現象が関与している可能性もあります。クレーター生成によってサンプルを得ることと、衝突実験を記録することは、同じように価値があるんですよ。その後者の科学目的のためには、衝突の様子を詳しく記録しなければいけないでしょう。「はやぶさ2」がインパクタを分離したあと小惑星の陰に退避するだけでは、せっかくの「衝突」の様子がわからない。澤田弘崇さんや小川和律さんなどのチームが開発した衝突の様子を記録する「DCAM3」は、単に「クレーター」がうまくできたかどうかを確認するだけではなく、その観測自体が「科学」目的なんです。

山根　渡邊さんが「はやぶさ2」のプロジェクトに参加して以降、「はやぶさ2」プロジェクトでは相当激しい議論が続いたと聞いています。

渡邊　クレーター観測の意義をめぐっての熱い議論もありましたよ。でも、「はやぶさ2」は世界のどこもできない小惑星探査をするすばらしい機会ですから、さまざまなサイエンティストに参加してもらい、より大きな成果を得てほしいという願いゆえです。初めは、そういう思いから全国の大学、研究機関に呼びかけ、「はやぶさ2」の小惑星探査に関するフォーラムなどを続けてきたんですが、プロジェクト側にサイエンスコミュニティとのつなぎ役が必要となり、私がプロジェクトサイエンティストを引き受けたんです。

宇宙大航海を成し遂げた「はやぶさ」は未踏の航海術を手にした。その航海術をもとに「はやぶさ2」は、まだ誰も手にしていない「科学＝知」を求める航海に出るのである。

バトル続き

「はやぶさ」ではイオンエンジンを担当する機関長だった國中均さんは、「はやぶさ2」では船長となり、これからの6年間をつとめる。機体の完成、そして間近に迫った打ち上げ。2年半の出港準備を通じてどんな思いなのだろうか。

國中　ＪＡＸＡとしてはフラッグシップのプロジェクトということもあって、「ぜひやらせてください」という若い世代が多く、人材に困ることなく進められたのはありがたかったですね。

山根　多々、厳しいことが続きましたね。

國中　大変なことの連続で、何が大変だったのか思い出せないくらいです。「はやぶさ2」の基本設計は「はやぶさ」と同じです。しかし、11年前に打ち上げた「はやぶさ」のものつくりは「ほんわか」したものだったようで、問題点があると現場の判断で図面をどんどん変更して作っていたんですね。今回、図面にしたがって「はやぶさ」と同じものを作ったところ、想定した性能が出ない。「そんなバカな!?」と侃々諤々《かんかんがくがく》の議論の末に、残してあったエンジニアリングモデルを分解したところ、「図面とは違う作り方をしている！」とわかり、作り直したことも。最終形態が図面に反映されていなかった。そこで今回は一転、「コンフィギュレーション管理」という厳密なルールのもとでものつくりをしなければならなくなったのですが、これまた大変だったんですよ。

山根　どういう「管理」？

國中　わずかな設計変更でも徹底して図面に反映させ、バージョン（変更）管理を厳密に行うというシステムです。ＪＡＸＡやメーカーがＯＫを出さないと先に進めないため、図面の描き直しだけでも大変な時間と手続きが必要でした。この2年間、1週間として心やすらぐ暇はなく、家に帰っても「人相が悪くなった」と（笑い）。

山根　渡邊誠一郎さんをはじめとするサイエンスコミュニティ（惑星科学者たち）とも、相当激しいやりとりがあった……。

國中　「はやぶさ」は工学ミッションとして企画したものでした。もちろん、サンプル採取など科学上の成果を上げないことにはミッションとして成り立たないという感覚はあるものの、システマティックに科学をやっていたかと問われれば、十分ではなかった。そこで「はやぶさ2」では、より開かれた議論をしながら科学ミッションとしての「はやぶさ2」を作り上げていくことになったわけですが、バトルが続きましたよ。しかし、サイエンスコミュニティの力を得たことで、「はやぶさ2」はより進化した「工学」を実現し、世界に誇れる科学ミッションになったと思います。

Fig8.3　写真上・東京都相模原市のJAXAから搬出される「はやぶさ2」　写真中・種子島宇宙センターに到着した「はやぶさ2」〈写真・JAXA〉　写真下・完成した「はやぶさ2」実機を見上げる國中均さん〈写真・山根一眞〉

木星へ、土星へ

山根　宇宙への挑戦はまさに未踏世界への大航海ですね。

國中　未踏世界への挑戦、文明の拡大を支えてきたものは技術革新です。たとえば、大航海時代は、造船技術や航海術という技術革新がもたらしました。また、こういった文明の拡大には資金が欠かせないという現実的な条件も。イタリア人であるコロンブスは母国からは資金が得られなかったが、スペインのイサベル女王が出資をしてくれたおかげで新大陸に到達できたわけです。その結果、金や銀、香辛料などの富を世界から集めることができました、歴史の評価はいろいろありますがね。

こういう人類の文明を振り返ってみると、僕らが取り組んでいる宇宙技術は、大航海時代の造船技術であり航海術という技術革新に相当します。活動領域の拡大対象は、小惑星であり火星です。ゆくゆくは小惑星からレアアースを持ち帰るとか、火星を人類の移住先にする時代がくるはずです。「はやぶさ」が宇宙大航海と言われるようになったのは、そういう人類文明の必然のようなことを、皆さんが漠然と感じたからだろうと思うんです。この宇宙への拡大という新文明は、世界が共同で取り組む時代を迎えていますが、資金が絶たれれば日本は世界が向かい始めた文明の進歩から取り残されてしまうでしょう。

山根　「はやぶさ2」という新たな航海のその次は？

國中　僕らのやっていることは、ロケットにしても電気推進（イオンエンジン）にしても、より深淵な超遠距離宇宙航行を実現させることですから、僕のエクスペクテーション（期待、楽しみ）としては木星にたどり着くようなことをやりたいんです。重力スイングバイを使えば土星に向かうこともできますが、まずは木星までのルートを開拓するのは、技術的な観点からすると非常に重要だと思います。木星のエウロパ衛星には大きな海があるかもしれないと言われていますから、そこに行く乗り物を作り、その海を航行・潜航し、その水を汲んで持ち帰るサンプルリターンができれば、生命の起源を知ることにもつながるはずですし。そういう構想を、サイエンスコミュニティの皆さんとも議論をしていきたいと思っています。まずは、「はやぶさ2」を成功させることが第一ですが。

2014年9月20日、「はやぶさ2」は相模原キャンパスから出荷され、種子島宇宙センターに運び込まれた。10月27日、國中さんはその種子島で、こう語っている。

宇宙ミッションを遂行することに意義があるのであって、探査機を作ることに意義があるわけではありません。もちろん、いいミッションを実現するためにはいいハードウェアを作りこまなくてはいけないわけです。その意味では、この2年半、なんとか走り抜くことができました。打ち上げ目標に向けて、短期間にすべてのものを揃えることができた。それを成し遂げたのは、「はやぶさ2」のプロジェクトチーム一同の頑張りのおかげですし、日本には十分な工業技術があるということを内外に示すことができたと思っています。

しかしまだスタートラインに立ったに過ぎないわけですから、必ずやまた地球に戻り、貴重なサンプルを科学者に送り届けなければと心しています。

小惑星探査機「はやぶさ2」に搭載された5個のターゲットマーカーには、「キャンペーン」に応募した18万3174人の名を記載した薄いシートが封入されている。5個のうち小惑星に落とさないものがあっても全員が小惑星に着地できるよう、すべてに同じシートが入れられた。万一トラブルに見舞われても、できるだけ対処できるよう作り込んだ「はやぶさ2」ならではの対応が、ここにも反映されている。また、再突入カプセルにはやはり同キャンペーンに応募した22万6800人の名前やイラストを記録したメモリチップが収められている。2020年冬、その22万6800人は「はやぶさ2」とともに6年間にわたる大宇宙航海を続け、ウーメラ砂漠へと帰ってくる予定だ。

あとがき

［打ち上げまであと27日00時間12分17秒］

この「あとがき」を書き始めた「今」、2014年11月3日午後1時すぎ、JAXAの「はやぶさ2特設サイト」のカウントダウンの数字です。何としても打ち上げ前に、読者の皆さんに「はやぶさ2」のことを知っていただきたいという思いで書き進めてきましたが、何とか間に合いそうです。カウントダウンの数字が刻々と減っていくのを見ながら本を書く経験は、これで2度目です。先回の［あと○日○時間○分○秒］の数字にせかされながら書いたのは、『小惑星探査機はやぶさの大冒険』でした。この時は「地球帰還まであと……」でしたが。『大冒険』は、結局、その数字が［00日00時間00分00秒］の瞬間をウーメラ砂漠で立ち会い、その様子も含めて書きましたので、カウントダウンは執筆ゴールの目安でしたが、今回はまさに背水の陣でした。

本書のための取材は「はやぶさ」の帰還前から始めていたとはいうものの、チームの皆さんは「はやぶさ2」が仕上がるまでは語る余裕がほとんどなく、コアとなる取材は2014年の秋にずれ込みました。「はやぶさ2」のチームは、経験したことがないほどの切迫したスケジュールの中でその開発、製造、組み立てを続けたことは本書で書いた通りですが、その記録を本にする私の仕事も経験したことがないほど厳しいものでした。本書には、つい一昨日わかった新事実も含まれています。

「はやぶさ」の地球帰還は宇宙ファンを超えて、多くの子供たちに挑戦と努力の大事さ、未知の宇宙へと向かう冒険のすばらしさを伝えました。数多くの「はやぶさ」の映画が作られたのも、「はやぶさ」が科学技術の世界を超えて日本人の大きな誇りとなったからです。しかし、そういう人々の思いが理解できない人たちもいました。かつての政権はそのひとつ。東京駅丸の内北口前の商業ビル「丸の内オアゾ」にあったJAXAの広報施設「JAXA i」は、子供たちにとって最大の宇宙とのつながりの場。当時の政権がそれを「税金のムダ遣い」として閉鎖に追い込んだように、「はやぶさ2」の予算も長く通らないままで、計画は延期という危機的な状況が続きました。

「はやぶさ」、「はやぶさ2」にかぎらず、宇宙に挑むことへの理解を得るのが難しいのは、この仕事の具体的な内容や意義がわかりにくく、伝えにくいことも原因です。「はやぶさ2」の取材を通じてあらためて思うことは、そこに含まれている科学と技術のとてつもない裾野の広さです。宇宙技術はあらゆる技術の集大成で、しかもごく小さなトラブルが重大な結果をもたらします。宇宙科学も物理、天文、化学、生物などあらゆる科学の進歩の源泉です。宇宙への挑戦は日本が科学技術を進化させ、世界をリードしていく上で欠かせないことなのです。しかし、宇宙技術、宇宙科学は、理科系以外の人には難解すぎるという宿命があります。文科系出身である私が、30年以上にわたり科学技術分野について、宇宙について書き続けてきたのは、日本の根幹を支えてきた、またこれからの日本にとってきわめて重要な科学技術への広い理解の一助になればと考えてきたからです。正しい、望ましい判断は、正しい知識と理解が前提だからです。

「はやぶさ2」の完成が間近となった夏の終わり、「はやぶさ」のプロジェクトマネージャーだった川口淳一郎さんに会いました。「はやぶさ」は川口さんの意志によって始まったプロジェクトでもあります。川口さんは、「はやぶさ」「はやぶさ2」、そしてこれからの日本がなすべき宇宙への取り組みをこう語っていました。

日本は小さな探査機で何とか奮闘を続けてきましたが、それはエベレストの無酸素登頂を達成したようなもので、素晴らしいことには違いないが失敗すればただの暴挙です。十分なリソースがあれば、日本は月にも火星にも宇宙船を送ることができる。しかし、「はやぶさ」も「はやぶさ2」も予算は200～300億円どまり。その小さな枠の中で必死に行っているプロジェクトに対して、評価だけは厳しい。NASAはちゃんとできるのに、なぜうまくいかないのか、とか。

しかし、NASAが探査機「キュリオシティ」などで成果をあげている火星探査プロジェクトの予算は、およそ1兆円と言われている。日本は、その数十分の1の予算で、小惑星からのサンプルリターンを成し遂げ、再び挑もうとしている。アメリカと比べれば、日本は竹槍で挑もうとしているのにすぎないが、竹槍でも勝てるプロジェクトとして小惑星のサンプルリターンを選んだんです。そのことが理解されていない。一方、火星探査に1兆円をかけているアメリカは、失敗もあり得ることを承知した上で大博打をやっているんです。それが、科学技術先進国というものです。

もちろん「はやぶさ2」も「はやぶさ」同様、万全の準備をしてきましたが、小さな枠組みの中での努力だということを理解してほしい。あまりにも過大な期待をしてほしくない、ということです。

川口さんならではの、きつい、的を射た発言だが、こういう意見を口にしにくいのも日本ならではです。

火星探査に1兆円を投じるアメリカとはいえ、「はやぶさ2」の打ち上げを目前とした10月、国際宇宙ステーションへの物資補給船を載せたロケット「アンタレス」が打ち上げに失敗して爆発、その数日後にはサービス開始を来年に控えた宇宙旅行用の機体「スペースシップ2」が墜落、副操縦士が死亡する事故が起こりました。いずれもベンチャー企業とはいえ、それを支えているのはNASAであり、NASAのエンジニアたちです。宇宙に挑むことは、日本よりはるかに進んでいるアメリカにとっても、依然、厳しい。

私たちは、ひとつの宇宙プロジェクトに対して、成功か失敗かという1か0かで判断をしがちです。しかしそうではない。「今」はまだ、将来の大宇宙時代を築いていくための端緒の時代なのです。また、科学と技術は、仮説をもとにして失敗と成功を繰り返しながら進化していくものです。そういう思いで取材を続けてきた「はやぶさ2」のチームの、この2年あまりの取り組みをふり返ると、地球へのサンプルリターン達成を100とすれば、すでに打ち上げまでは30〜40は達成した、と思うことしきりです。私は、種子島宇宙センターでの打ち上げ後、それが50になり60になっていくことを「わくわく、はらはら、やきもき」と見守りながら、2020年、再びあのウーメラ砂漠で100を達成して戻ってくる「はやぶさ2」を迎えたいと願っています。

「はやぶさ2」プロジェクトはきわめて範囲が広いためにインタビューできなかったキーパーソンも多く、また長時間の取材に応じていただいたにもかかわらず、ページ数の制限から十分書くことができなかったことは何とも心残りで、申し訳ない思いでいっぱいです。「はやぶさ2」の小惑星到着後に、増補版などで対応させていただければと願っています。

また、内容の正確を期すため、各章はそれぞれの登場者に目を通していただきました。ミッションマネージャーの吉川真さんには全ページにわたって緻密な校正をしていただきました。とてつもない忙しさのなかで本書に対して大きなご協力をいただいた「はやぶさ2」チームの皆さん、「はやぶさ2」の開発製造を担った企業の方々、JAXA・JSPEC広報の岸晃孝さん、JAXA広報部の皆さんに心からの御礼を申し上げる次第です。

本書を書くように私に勧めたのは、講談社ブルーバックス出版部の篠木和久さんです。篠木さんも、カウントダウンを横目に、経験したことのないほどの厳しい突貫作業を続けてくれました。そのおかげで、私は篠木さんとともに、本書を手にして11月30日、種子島宇宙センターで「はやぶさ2」の打ち上げを見送ることができそうです。お礼の言葉もありません。また、表紙には尊敬する池下章裕画伯のすばらしいオリジナルの絵で飾ることができたことを心から喜んでいます。ありがとうございました。

2014年11月3日

山根一眞

（この「あとがき」を書き終えた日の午後6時頃、西日本の上空を強く光るものが流れていくのが目撃されました。海に落下したようで被害はなかったものの、それは小惑星の一部でした。本書を書き上げた日に、小惑星が大気圏に突入してきたのには驚きました）

N.D.C.538　290p　18cm

ブルーバックス　B-1887

小惑星探査機《しょうわくせいたんさき》「はやぶさ２」の大挑戦《だいちょうせん》

太陽系と生命の起源を探る壮大なミッション

2014年11月20日　第１刷発行

著者　山根一眞《やまねかずま》
発行者　鈴木　哲
発行所　株式会社講談社
〒112-8001 東京都文京区音羽2-12-21
電話　出版部　03-5395-3524
販売部　03-5395-5817
業務部　03-5395-3615
印刷所　（本文印刷）慶昌堂印刷株式会社
（カバー表紙印刷）信毎書籍印刷株式会社
製本所　株式会社国宝社

定価はカバーに表示してあります。

ISBN978-4-06-257887-5

発刊のことば

科学をあなたのポケットに

二十世紀最大の特色は、それが科学時代であるということです。科学は日に日に進歩を続け、止まるところを知りません。ひと昔前の夢物語もどんどん現実化しており、今やわれわれの生活のすべてが、科学によってゆり動かされているといっても過言ではないでしょう。

そのような背景を考えれば、学者や学生はもちろん、産業人も、セールスマンも、ジャーナリストも、家庭の主婦も、みんなが科学を知らなければ、時代の流れに逆らうことになるでしょう。

ブルーバックス発刊の意義と必然性はそこにあります。このシリーズは、読む人に科学的に物を考える習慣と、科学的に物を見る目を養っていただくことを最大の目標にしています。そのためには、単に原理や法則の解説に終始するのではなくて、政治や経済など、社会科学や人文科学にも関連させて、広い視野から問題を追究していきます。科学はむずかしいという先入観を改める表現と構成、それも類書にないブルーバックスの特色であると信じます。

一九六三年九月　野間省一